杭州市西湖区社会科学研究课题（编号：XH18SKL02）

绿色总动员

湿地环境教育读本

王莹莹⊙编著

U0396722

浙江工商大學出版社 | 杭州
ZHEJIANG GONGSHANG UNIVERSITY PRESS

图书在版编目（CIP）数据

绿色总动员：湿地环境教育读本 / 王莹莹编著 . —
杭州 ：浙江工商大学出版社，2019.5
　　ISBN 978-7-5178-3186-0

　　Ⅰ . ①绿… Ⅱ . ①王… Ⅲ . ①沼泽化地－环境教育－
研究 Ⅳ . ① X-4

　　中国版本图书馆 CIP 数据核字（2019）第 064439 号

绿色总动员——湿地环境教育读本
LVSE ZONG DONGYUAN——SHIDI HUANJING JIAOYU DUBEN
王莹莹 编著

责任编辑	何小玲
责任校对	穆静雯
封面设计	林朦朦
责任印制	包建辉
出版发行	浙江工商大学出版社
	（杭州市教工路 198 号　邮政编码 310012）
	（E-mail：zjgsupress@163.com）
	（网址：http：//www.zjgsupress.com）
	电话：0571-88904980，88831806（传真）
排　　版	风晨雨夕工作室
印　　刷	杭州高腾印务有限公司
开　　本	710 mm×1000 mm　1/16
印　　张	9
字　　数	138 千
版 印 次	2019 年 5 月第 1 版　2019 年 5 月第 1 次印刷
书　　号	ISBN 978-7-5178-3186-0
定　　价	42.00 元

目 录

◎ 第三章　实践案例　\　075

环境教育是当前世界各国普遍高度重视的教育领域，被视为从根本上解决日益严峻的环境问题，保护和改善环境，实现人类社会可持续发展战略的一条必由之路。百年大计，教育为本，只有对全民进行全面的、客观的环境教育，树立和增强他们的环境意识，才能从根本上保护好环境。

湿地环境教育是学校教育的重要组成部分，在引导学生全面看待湿地环境问题，培养其社会责任感和解决实际问题的能力，提高湿地环境素养等方面有着不可替代的作用。然而，要从浩如烟海的湿地环境资讯和建议中整理出头绪，并明确在课程中如何处理和运用，确非易事。

本书将聚焦与湿地有关的重要环境主题，每个主题都提供了一系列湿地环境教育活动的范例。这些活动注重引导参与者纯粹地探索湿地环境，激发他们的好奇心、求知欲及乐享自然之情，旨在通过实践案例和游戏为湿地环境教育提供基础。

绪言

第一节　什么是环境教育

一、环境教育的定义

你可能听说过"环境教育"（Environmental Education）这个术语，自然学家或者科学家用这个词描述以自然为基础的课程，如在公园、博物馆、自然中心、动物园及水族馆等场所开展的课程。有时候，这个词也指与动物、植物等相关的课程内容，或者自然探索和在户外开展的课程。其实上述解读都是合理的，它们都是指侧重于自然环境的教育。

"环境教育"一词的产生可追溯到 1948 年。当时，威尔士自然保护协会主席托马斯·普瑞查（Thomas Pritchard）在巴黎提出"我们需要有一种教育方法，可以将自然与社会科学加以综合"，他同时建议将这种方法称为"环境教育"。1957 年，美国的布伦南（Brennan）在其文章中首次将"环境教育"作为专有名词使用。在此后很长一段时间内，"环境教育"一直被视为"保护教育"的同义词，直到 20 世纪 70 年代，"环境教育"才随着人类对环境问题的关注确立了自己的地位。

最早并且经常被引用的环境教育的定义，是 1970 年在美国内华达州召开的会议上提出并为国际保护自然和自然资源联合会所接受的定义："所谓环境教育，是一个认识价值、弄清概念的过程，其目的是发展一定的技能和态度。对理解和鉴别人类、文化和生物物理环境之间的相互作用来说，这些技能和态度是必不可少的手段。环境教育还促使人们对环境质量问题做出决策、对本身的行为准则做出自我的约定。"[1]

我国学者徐辉、祝怀新教授对环境教育的定义为："环境教育是以跨学科活动为特征，以唤起受教育者的环境意识，使他们理解人类与环境的相互关系，发展解决环境问题的技能，树立正确的环境价值观与态度的一门教育科学。"[2]

综上，环境教育是一门以跨学科教育和实践活动为主要途径，旨在传授环境知识，培养环保技能，树立正确的情感、态度、价值观，提升环保意识的教育科学。

二、环境教育的特征

1. 广泛的社会性

环境污染的产生和解决，与人类自身的环境行为有着直接关系，同时，环境行为具有广泛的社会公德性。因此，国际社会高度重视环境问题和环境教育，许多国际会议呼吁全人类应对环境问题采取负责精神，并提出全球公民的环境行为准则，建议在学校进行环境意识教育。广泛的社会性是环境教育的重要特征，它主要表现在环境教育的全民性及全程性，还表现在普及性及国际环境教育组织的广泛合作方面。

2. 手段的多样性

由于环境教育的全民性、全程性，其具有手段的多样性，主要表现在多类型、多层次、多方式、多途径办学，以及设置专业或课程、教育内容和方法方面。

在办学类型上，高等院校多以有关的传统学科为基础，设置环境专业或环境课程。同时，专门的环境保护高等院校和中等环境专业学校等也有

---

[1]　第一章　环境教育的任务与发展 [EB/OL].[2019-03-03].http://edu6.teacher.com.cn/tkc493a/webpages/courses/course1-2-001.html.

[2]　徐辉，祝怀新．国际环境教育的理论与实践 [M]．北京：人民教育出版社，1996：35.

成立。

在教育层次上，从幼儿、青少年、壮年到老年人，对从事不同职业的不同层次、不同文化背景人员的要求均不尽相同，应区别对待，分层施教。

在教育方法上，应改变过去单纯由教师灌输的方法，而在掌握知识的基础上，师生共同参与，以高度的责任感投身到环境保护中去。

在教育途径上，应有在职教育、业余教育、培训或讲习班等。

3. 跨学科的综合性

由于环境是一个由各领域的相关方面聚集而成的综合体，从科学认识的角度看，广泛涉及生态学、生物学、物理学、化学、地理学等方面，因此，环境问题是综合的，对环境和环境问题的认识，以及解决环境问题的方法和技能，也必须是综合性的。无论是发展受教育者对环境的认识，加深他们对环境问题的理解，还是培养他们解决环境问题的技能，树立正确的环境价值观，等等，都有赖于在教育实践活动中去综合地加以实施，这就决定了环境教育必须是综合性的、跨学科的。

4. 高度的实践性

开展环境教育，要发挥学生参与环境教育的积极性，实现以形成环境道德为中心、养成爱护环境的行为模式的教育目标。这就决定了环境教育必须具有实践性，即除了通过有关学科的教学掌握环境知识以外，还必须在具体的环境中面对真实的环境问题，通过实际行动获得技能、情感等多方面的经验和体验，达到认识、情感及行为的统一，实现知识、技能、道德多方面协调发展。

第二节 什么是湿地环境教育

一、湿地环境教育的定义

　　湿地是珍贵的自然资源,也是重要的生态系统,具有多种不可替代的生态功能。中国于 1992 年 7 月 31 日正式加入《湿地公约》,将保护湿地作为对维护地球生态安全、应对全球气候变化、参与世界可持续发展进程的一项庄严承诺,从此掀开了中国湿地保护和合理利用事业的新篇章。

　　改革开放以来,我国社会经济发展速度加快,湿地保护与管理取得了显著成效,并积累了宝贵的经验,使我国的生态环境建设进入了新的发展阶段。但由于人口多、发展不够科学、发展速度不平衡等问题,生物多样性受到破坏,水体污染加剧,淡水资源短缺,大气污染严重,酸雨面积逐渐扩大。湿地资源保护与发展的矛盾突出,其根源是管理人员与社会公众对湿地及生物多样性保护的意识淡薄。在这样的背景下,开展湿地环境教育显得十分迫切。

　　湿地环境教育是学校教育的重要组成部分,在引导学生全面看待湿地环境问题,培养其社会责任感和解决实际问题的能力,提高湿地环境素养等方面有着不可替代的作用。长期以来,湿地环境教育过于注重环境知识的传授,而忽略了相应的价值观、技能及行为模式的培养,在培养公众和中小学生正确的环境伦理观和社会责任感,以及解决问题的能力等方面尤显薄弱。

二、湿地环境教育的目标

1. 唤起对湿地的兴趣, 感受湿地带来的愉悦
（1）用感官去感受湿地及湿地中的动物和植物。
（2）呼吸湿地中的空气, 享受湿地的宁静和美丽。
（3）体会集体学习、游戏和共同活动的愉悦。

2. 激发对湿地的好奇心
（1）向参与者展现一些不显眼的事物, 唤起他们对细节的注意。
（2）让参与者体验自然的发生过程。
（3）展示大自然的神奇和伟大。

3. 传播湿地知识
（1）结合生动的实例来传播知识。
（2）向参与者形象地阐述自然的关联和流程。
（3）引导参与者从湿地今天的面貌读出湿地的历史。

4. 介绍可持续的湿地行为模式
（1）湿地资源和环境的保护与我们的行为密切相关, 每个人对湿地功能可持续性都应具有一份责任感。
（2）哪些行为对湿地是有益的, 哪些是有害的。

5. 促使行为的改变
（1）通过直观感受唤起参与者的责任意识。
（2）鼓励参与者适应未来的生存方式。
（3）强调个人行为的示范作用。

6. 扩展意识和感知

（1）唤起参与者感知自然的本能。

（2）使参与者意识到人是自然之子，人与自然是密不可分的。

（3）使参与者亲身体验错综复杂的自然法则。

7. 促进个人创新和能力的提升

（1）参与者一起面对错综复杂的挑战，与团队一起探索解决方法，体会自己所起的作用。

（2）对于中小学生来说，这也是一个锻炼表达能力，提升组织、协调和合作能力的机会。

8. 为了明天的湿地

（1）激励更多的人参与到湿地保护中来。

（2）赢得湿地美好的明天。

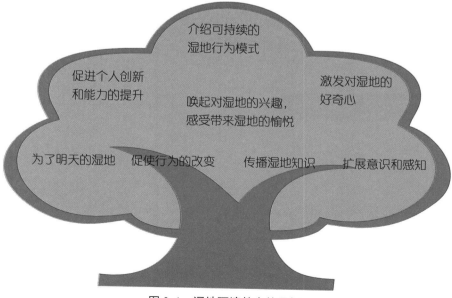

图 0-1　湿地环境教育的目标

第三节　使用本书的注意事项

　　本书是一本面向湿地环境教育指导者（例如教师、家长）的实用手册。不同于国内常见的知识性读本，本书大量借鉴了外国如美国、德国等开展环境教育的经验，以体验、探究和娱乐性的教育活动为主要内容。您不必通读全书，而是可以根据需要节选阅读或使用。

　　本书由湿地环境教育的目标和方法、不同主题的湿地环境教育活动和实践案例等内容组成。而环境教育方法、主题教育活动是本书的主体部分，也是特色所在。如需了解开展湿地环境教育活动的注意事项，请直接参阅本章内容；如需了解本书提供了哪些活动内容，意欲寻找一项合适的教育活动，可直接查阅"第二章　湿地大课堂"和"第三章　实践案例"；如需参考或查阅湿地背景知识，请阅读"附录"。

一、关于目标群体

　　湿地环境教育的对象包括自幼儿园到养老院的各年龄层群体。由于每位参与者的知识背景不同，进而对湿地的兴趣也不相同，湿地环境教育因此要面对特殊的要求和挑战。实际操作中并不存在一套让所有人都满意的方案，而是需要对参与者进行区分和分析，并为此制订出一套适合目标群体的方案。

　　如果事先知道活动参与者的年龄、文化背景，则可以准备得更好。在活动之前，要与老师或者活动组织者进行电话沟通。需要注意以下几点：

1. 参与者年龄

如果是 8 岁以下的儿童，那么您引导的重点就应该是他们的感觉。（所问的问题应该是：我将在湿地里体验什么？）

如果是 8—12 岁的大龄儿童，那么您引导的重点就应该与事物的发展变化联系起来。（所问的问题应该是：什么现象是如何形成的？）

如果是 13—17 岁的青少年，或是更年长一些的参与者，那么您引导的重点就应该与参与者自身联系起来。（所问的问题应该是：湿地与自己有什么关系？）

2. 参与者数量

基于任务需要，您可以决定是否有必要再分更多的组。

您需要同事或助理吗？

3. 以往的经验

参与者以前参加过湿地教育活动吗？

对于特定的课题，他们都知道些什么？

他们都知道了哪些活动？

4. 期望和希望

您的参与者想要了解的是什么？

他们想做一次湿地拉力赛吗？

他们想看到某种特定的动物吗？

5. 特殊情况

是否有残疾或患有糖尿病、哮喘病的参与者？

是否有特别活跃或特别沉默的参与者？

谁将陪同小组？

二、良好的引导

良好的引导是组织教育活动的关键。活动主题本身所具有的趣味，对湿地和大自然的热爱，与孩子们及成人一起工作的快乐，是良好引导的基础。

作为一名湿地教育组织者，在进入活动之前，应该介绍一下您自己对自然的体验。自然体验是一种集体体验，在这种集体活动中，您担当的角色是至关重要的。只有您自己全身心投入进去，才有可能唤起参与者的激情。

三、帮助参与者打开所有感觉器官

您可以通过目标活动来达到这一目的，如：用眼罩蒙住参与者的眼睛，让参与者不仅仅通过视觉，而且通过触觉（比如触摸树皮或针叶树树枝）、嗅觉（比如闻一闻苔藓植物、树桩、湿地中的落叶）、味觉（比如尝一尝水芹、蛇莓、野胡萝卜的味道。品尝时要注意饮食安全问题，也就是说，您要从保险、安全的地域寻找所品尝的植物）、听觉（比如聆听鸟语婉转、水流潺潺和风声呼啸）等所有感觉来参与活动。

四、娱乐性演示活动

在一定的主题范围内，开展游戏、哑剧等娱乐性演示活动，可以加强参与者对主题的理解。比如：用毛线团模仿编织蜘蛛网，共同演示一棵树的光合作用，建立一个食物链，等等。

五、给参与者留出时间去思考

回顾、总结、补充或修正参与者的现有知识，要比不停地灌输新信息更重要；少量而精准的信息要比强制灌输的烦琐信息更重要；总结自己的收获要比解释过程更重要。为此，可以预留让参与者自由观察的时间，允许"放空片刻"，给参与者提供相互沟通和交流经验的机会，激励参与者对所获得的体验进行总结反馈，计划出在湿地中静游的时间。

六、尽可能重复使用材料

很多活动都有根据活动目的回收利用特定物品的建议（例如，牛奶盒可以用作小花盆），但不要仅停留在这个水平上。环顾四周，想想还有什么东西可以回收利用。作为教育工作者，您很可能已经是回收利用日常材料和精打细算的老手。

七、路线选择

集合的地点，应尽可能选在公共交通工具能够到达的地方，而且最好环境安静，这样，在您向参与者致欢迎词和参与者之间相互介绍时，参与者就不会因受到干扰而分心。

在开始行走之前，要勘查所走路线。根据参与者的不同兴趣，以及由此产生的时间需求，您应该灵活地调整路线的长短。请您无论如何要尽可能计划短的路线和其他代替路线。以下具体工作您应该考虑：

（1）选择一个富有变化的景观，例如，溪流、桥梁、岩石等相间出现的景观。

（2）沿着小路、河流，或者踏着草地前行，但要避免敏感地点，如有动物巢穴的地方。

（3）把遇见昆虫、小鱼、青蛙、鸟类和小型哺乳动物作为重要的经历去体验。

（4）在活动路线中，以体验、远眺景色等类似形式，设计许多亮点。然后，请留出时间进行精神放松，以便参与者可以加工处理他们脑海中的湿地印象。

八、不用担心偏离轨道

很多重要的发现，都不是按计划或脚本发生的。如果参与者有需要，应以开放的态度接纳活动的改变；如果能对参与者的兴趣和需要有所回应，活动将更有意义；如果计划的是室内活动，但美好的春光吸引大家到户外去，那就可以使用本书提供的户外活动，或者跟随参与者的兴趣和选择，顺其自然，跟着感觉走。

九、事故的预防和急救

在湿地教育引导活动中，请记得带上通信联络工具与医用急救袋。作为一个小组组织者，除了必备材料外，您还应该在背包中常备有帮助性的小零碎：一个装满水的水壶，以便清洗伤口、去除污垢、冲洗其他一些东西等；几小盒创可贴、绷带、剪刀、小刀；纤维材料湿巾，用于一些必要的清洁；橡胶手套；一些包装袋，便于收集或捡拾垃圾，以起到榜样作用。此外，您带领小组在湿地进行教育活动时，应当随时注意身边可能出现的危险，随时排除经常行走的道路上的危险障碍。

第一章 认识湿地

第一节　什么是湿地

按照《关于特别是作为水禽栖息地的国际重要湿地公约》（以下简称《湿地公约》）的定义，湿地是"指天然或人造、永久或暂时之死水或流水、淡水、微咸或咸水沼泽地、泥炭地或水域，包括低潮时水深不超过6 m的海水区"[1]。

湿地的三大要素是水、水成土壤、适水生物。

一、《湿地公约》的湿地类型分类系统[2]

《湿地公约》将湿地分为天然湿地和人工湿地2大类42型。

（一）天然湿地

1.海洋／海岸湿地

A——永久性浅海水域：多数情况下低潮时水位小于6米，包括海湾和海峡。

B——海草层：包括潮下藻类、海草、热带海草植物生长区。

C——珊瑚礁：珊瑚礁及其邻近水域。

---

[1]　国家林业局《湿地公约》履约办公室，编译 . 湿地公约履约指南 [M]. 北京：中国林业出版社，2001：4.

[2]　国家林业局《湿地公约》履约办公室，编译 . 湿地公约履约指南 [M]. 北京：中国林业出版社，2001：16.

D——岩石性海岸：包括近海岩石性岛屿、海边峭壁。

E——沙滩、砾石与卵石滩：包括滨海沙洲、海岬以及沙岛；沙丘及丘间沼泽。

F——河口水域：河口水域和河口三角洲水域。

G——滩涂：潮间带泥滩、沙滩和海岸其他咸水沼泽。

H——盐沼：包括滨海盐沼、盐化草甸。

I——潮间带森林湿地：包括红树林沼泽和海岸淡水沼泽森林。

J——咸水、碱水潟湖：有通道与海水相连的咸水、碱水潟湖。

K——海岸淡水湖：包括淡水三角洲潟湖。

Zk（a）——海滨岩溶洞穴水系：滨海岩溶洞穴。

2. 内陆湿地

L——永久性内陆三角洲：内陆河流三角洲。

M——永久性的河流：包括河流及其支流、溪流、瀑布。

N——时令河：季节性、间歇性、定期性的河流、溪流、小河。

O——湖泊：面积大于 8 公顷的永久性淡水湖，包括大的牛轭湖。

P——时令湖：面积大于 8 公顷的季节性、间歇性的淡水湖，包括漫滩湖泊。

Q——盐湖：永久性的咸水、半咸水、碱水湖。

R——时令盐湖：季节性、间歇性的咸水、半咸水、碱水湖及其浅滩。

Sp——内陆盐沼：永久性的咸水、半咸水、碱水沼泽与泡沼。

Ss——时令碱、咸水盐沼：季节性、间歇性的咸水、半咸水、碱性沼泽、泡沼。

Tp——永久性的淡水草本沼泽、泡沼：草本沼泽及面积小于 8 公顷的泡沼，无泥炭积累，大部分生长季节伴生浮水植物。

Ts——泛滥地：季节性、间歇性洪泛地，湿草甸和面积小于 8 公顷的泡沼。

U——草本泥炭地：无林泥炭地，包括藓类泥炭地和草本泥炭地。

Va——高山湿地：包括高山草甸、融雪形成的暂时性水域。

Vt——苔原湿地：包括高山苔原、融雪形成的暂时性水域。

W——灌丛湿地：灌丛沼泽、灌丛为主的淡水沼泽，无泥炭积累。

Xf——淡水森林沼泽：包括淡水森林沼泽、季节泛滥森林沼泽、无泥炭积累的森林沼泽。

Xp——森林泥炭地：泥炭森林沼泽。

Y——淡水泉及绿洲。

Zg——地热湿地：温泉。

Zk（b）——内陆岩溶洞穴水系：地下溶洞水系。

注："漫滩"是一个宽泛的术语，指一种或多种湿地类型，可能包括 R、Ss、Ts、W、Xf、Xp 或其他湿地类型的范例。漫滩的一些范例为季节性淹没草地（包括天然湿草地）、灌丛林地、林地和森林。漫滩湿地在此不作为一种具体的湿地类型。

（二）人工湿地

1——水产池塘：例如鱼、虾养殖池塘。

2——水塘：包括农用池塘、储水池塘，一般面积小于 8 公顷。

3——灌溉地：包括灌溉渠系和稻田。

4——农用泛洪湿地：季节性泛滥的农用地，包括集约管理或放牧的草地。

5——盐田：晒盐池、采盐场等。

6——蓄水区：水库、拦河坝、堤坝形成的一般大于 8 公顷的储水区。

7——采掘区：积水取土坑、采矿地。

8——废水处理场所：污水场、处理池、氧化池等。

9——运河、排水渠：输水渠系。

Zk（c）——地下输水系统：人工管护的岩溶洞穴水系等。

二、中国湿地分类

结合中国湿地特点和传统习惯，我国将湿地划分为 5 类 41 型，见表 1-1。

表 1-1 中国湿地分类

代码	湿地类	湿地型	划分技术标准
I	近海与海岸湿地	浅海水域	浅海湿地中,湿地底部基质由无机部分组成,植被盖度＜30%的区域,多数情况下低潮时水深小于6米,包括海湾、海峡
		潮下水生层	海洋潮下,湿地底部基质为有机部分组成,植被盖度≥30%的区域,包括海草层、热带海洋草地
		珊瑚礁	基质由珊瑚聚集生长而成的浅海区域
		岩石海岸	底部基质75%以上是岩石和砾石,包括岩石性沿海岛屿、海岩峭壁
		沙石海滩	由砂质或沙石组成,植被盖度＜30%的疏松海滩
		淤泥质海滩	由淤泥质组成,植被盖度＜30%的泥/沙海滩
		潮间盐水沼泽	潮间地带形成的植被盖度≥30%的潮间沼泽,包括盐碱沼泽、盐水草地和海滩盐沼
		红树林	由红树植物为主组成的潮间沼泽
		河口水域	从近口段的潮区界(潮差为零)至口外海滨段的淡水舌锋缘之间的永久性水域
		三角洲/沙洲/沙岛	河口系统四周冲积的泥/沙滩、沙洲、沙岛(包括水下部分),植被盖度＜30%
		海岸性咸水湖	地处海滨区域,有一个或多个狭窄水道与海相通的湖泊,包括海岸性微咸水、咸水或盐水湖
		海岸性淡水湖	起源于潟湖,但已经与海隔离,后演化而成的淡水湖泊
II	河流湿地	永久性河流	常年有河水径流的河流,仅包括河床部分
		季节性或间歇性河流	一年中只有季节性(雨季)或间歇性有水径流的河流
		洪泛平原湿地	在丰水季节有洪水泛滥的河滩、河心洲、河谷,季节性泛滥的草地,以及保持了常年或季节性被水浸润的内陆三角洲
		喀斯特溶洞湿地	喀斯特地貌下形成的溶洞集水区或地下河/溪

续　表

代码	湿地类	湿地型	划分技术标准
III	湖泊湿地	永久性淡水湖	由淡水组成的永久性湖泊
		永久性咸水湖	由微咸水／咸水／盐水组成的永久性湖泊
		季节性淡水湖	由淡水组成的季节性或间歇性淡水湖（泛滥平原湖）
		季节性咸水湖	由微咸水／咸水／盐水组成的季节性或间歇性湖泊
IV	沼泽湿地	藓类沼泽	发育在有机土壤的、具有泥炭层的以苔藓植物为优势群落的沼泽
		草本沼泽	由水生和沼生的草本植物组成优势群落的淡水沼泽
		灌丛沼泽	以灌丛植物为优势群落的淡水沼泽
		森林沼泽	以乔木森林植物为优势群落的淡水沼泽
		内陆盐沼	受盐水影响，生长盐生植被的沼泽。以苏打为主的盐土，含盐量应＞0.7%；以氯化物和硫酸盐为主的盐土，含盐量应分别大于 1.0%、1.2%
		季节性咸水沼泽	受微咸水或咸水影响，只在部分季节维持浸湿或潮湿状况的沼泽
		沼泽化草甸	为典型草甸向沼泽植被的过渡类型，是在地势低洼、排水不畅、土壤过分潮湿、通透性不良等环境条件下发育起来的，包括分布在平原地区的沼泽化草甸以及高山和高原地区具有高寒性质的沼泽化草甸
		地热湿地	由地热矿泉水补给为主的沼泽
		淡水泉／绿洲湿地	由露头地下泉水补给为主的沼泽

续　表

代码	湿地类	湿地型	划分技术标准
V	人工湿地	水库	以蓄水和发电为主要功能而建造的，面积大于 8 公顷的人工湿地
		运河、输水河	以输水或水运为主要功能而建造的的人工河流湿地
		淡水养殖场	以淡水养殖为主要目的修建的人工湿地
		海水养殖场	以海水养殖为主要目的修建的人工湿地
		农用池塘	以农业灌溉、农村生活为主要目的修建的蓄水池塘
		灌溉用沟、渠	以灌溉为主要目的修建的沟、渠
		稻田／冬水田	能种植水稻，或者是冬季蓄水或浸湿状的农田
		季节性洪泛农业用地	在丰水季节依靠泛滥能保持浸湿状态进行耕作的农地，集中管理或放牧的湿草场或牧场
		盐田	为获取盐业资源而修建的晒盐场所或盐池
		采矿挖掘区和塌陷积水区	由于开采矿产资源而形成矿坑、挖掘场所蓄水或塌陷积水后形成的湿地，包括砂／砖／土坑；采矿地
		废水处理场所	为污水处理而建设的污水处理场所，包括污水处理厂和以水净化功能为主的湿地
		城市人工景观水面和娱乐水面	在城镇、公园，为环境美化、景观需要、居民休闲、娱乐而建造的各类人工湖、池、河等人工湿地

第二节 湿地面临的威胁

不合理的湿地开发利用和日益严峻的环境问题，是导致江河、湖泊、沼泽及其他湿地退化和丧失（包括物种的丧失以及种群数量的减少）的主要原因。

在过去的半个世纪，由于人类不合理的开发利用，全球湿地不断遭到破坏，湿地面积缩小了50%，湿地生态系统功能严重退化，生物多样性不断减弱，水患日益频繁，严重影响人类福祉水平。

一、盲目开垦

湿地被大量过度开垦和改变用途，造成了全球湿地面积的急剧萎缩和片断化。20世纪，北美洲、欧洲、澳大利亚和新西兰等地的一些特殊类型湿地近50%的面积被围垦。

潮滩和河口等滨海湿地也出现了大面积的退化和丧失现象。在中国黄海沿岸，自20世纪50年代以来，约有37%的潮间带栖息地遭到了毁坏。在韩国，自1918年以来，约有43%的潮间带栖息地遭到了毁坏。全世界范围内的河口及其相关的湿地也出现了大幅度丧失。在美国加利福尼亚州，目前仅剩下不到10%的天然滨海湿地。

二、大坝及其他水利工程建设

位于尼罗河上的阿斯旺大坝始建于1960年，历经10年方才完工。大坝的修建，不仅使得尼罗河冲积平原土壤的养分大量丧失，还让下游湿地出现严重的水土流失，直接影响到农业生产。河口湿地的丧失也让海岸受到侵蚀，盐水入侵使得沿海渔业遭受严重破坏。

三、水体污染

环境污染包括工业废水、生活污水的大量排放，油田开发等引起的漏油、溢油事故，以及农药、化肥引起的面源污染等，导致了湿地水质的恶化和湿地调节功能的退化。

四、资源过度利用

肆意猎杀、酷渔滥捕和无度开采等行为，是湿地生物多样性丧失的主要原因之一。人类的取之无度，正将生活在湿地里的动植物推向死亡。据统计，人类活动造成的物种灭绝比自然灭绝的速度高1000倍，平均每小时就有一个物种灭绝。在过去数十年间，由于过度利用、破坏性捕鱼，外加污染，泥沙淤积，暴风雨出现的频率和强度发生转变等因素的影响，世界范围内约20%的珊瑚礁已丧失，超20%的珊瑚礁出现了进一步退化的状况。

五、生物入侵

通常情况下，生物入侵对本地生态状况所造成的影响，包括栖息地的丧失和改变，食物网的改变，外来物种和本地物种的杂交，以及产生极具破坏性的捕食动物，引入病原体和疾病等。外来入侵生物的传播已成为一个全球性问题，并且这种状况还在日益加剧。

六、全球气候变化

　　全球气候变化对湿地的面积、分布和功能造成了重大影响。到 20 世纪 80 年代，仅海平面的上升就使世界 22% 的盐沼和红树林丧失，进而影响当地居民的生命安全。河流湖泊则受到了雪水融化的影响，在枯水期出现干旱，在雨季出现洪涝灾害。永久冻土地带也因全球气候变暖开始解冻、融化，湿地日趋干涸。预计今后全球气候变化将进一步加剧众多湿地的丧失和退化状况，加剧栖息在湿地内的物种减少或丧失的状况。

图 1-1　考察红树林湿地

第三节　湿地保护与合理利用

一、立法保护

我国政府在 1992 年 7 月加入《湿地公约》之前，受当时对湿地的概念及其生态价值的认识局限，湿地保护立法呈现出体系零散化、保护价值单一化的特征。

1987 年，由国务院 17 个部委联合编写的《中国自然保护纲要》首次将湿地定义为沼泽与海涂的集合。

为了保护国内湿地资源，适应国际湿地保护交流合作的需要，我国于 1992 年 2 月 20 日正式向《湿地公约》保存机构递交了加入书，同时指定了黑龙江扎龙、吉林向海自然保护区等 6 处国际重要湿地，同年 7 月 31 日加入书正式生效，中国成为《湿地公约》第 67 个缔约方。

为履行《湿地公约》保护湿地的义务，我国制定了一系列保护湿地生态系统及其功能的规范性文件。

1994 年 10 月发布的《自然保护区条例》第十条首次规定湿地应当建立自然保护区。

1999 年 12 月修订的《海洋环境保护法》第二十、二十二条要求将"滨海湿地"建立为海洋自然保护区。

2002 年 12 月修订的《农业法》第六十二条强调："禁止围湖造田以及围垦国家禁止围垦的湿地。已经围垦的，应当逐步退耕还湖、还湿地。"

2008 年 2 月修订的《水污染防治法》第六十一条规定了在饮用水水源准保护区内应采取建造湿地等生态保护措施，防止水体污染。

这一时期，除上述规定外，国务院及相关主管部门还分别针对湿地保护颁布了包括《国家重点保护湿地名录》《中国湿地保护行动计划》《全国湿地保护工程规划》《关于加强湿地保护管理的通知》等在内的湿地保护文件。

2005 年以来，原国家林业局和原建设部就国家湿地公园建设、湿地生态风险防范及国际重要湿地保护等制定了一系列行业标准和技术规则，初步构建了中国湿地保护的法规规章和标准体系。

2012 年 11 月十八大报告提出要扩大湿地面积。

2013 年 3 月，国家林业局颁布了《湿地保护管理规定》（以下简称"规定"），这是中国第一个专门规范湿地保护的国家层面文件。

2015 年 5 月中共中央、国务院发布的《关于加快推进生态文明建设的意见》对湿地保护提出了新措施。

2015 年 9 月中共中央政治局通过的《生态文明体制改革总体方案》指出，保护森林、草原、河流、湖泊、湿地、海洋等自然生态，确定湿地等自然生态要素的产权和确权登记制度，对生态功能重要的环境要素直接行使所有权。

2017 年 11 月《国家林业局关于修改〈湿地保护管理规定〉的决定》经国家林业局局务会议审议通过，2018 年 1 月 1 日起正式施行。

二、建立自然保护区

人类在长期的社会实践中认识到，保护好自然资源和生态环境，保护好生物多样性，对人类的生存和发展具有极为重要的意义。保护自然资源和生态环境的一项重要措施是建立自然保护区，自然保护区建设已成为衡量一个国家进步和文明的标准之一。

经过多年的努力，中国的自然保护区建设取得了显著的成绩。长白山、鼎湖山、卧龙、武夷山、梵净山、锡林郭勒、博格达峰、神农架、盐城、西双版纳、天目山、茂兰、九寨沟、丰林、南麂列岛等自然保护区被联合国教科文组织列入国际"人与生物圈保护区网"，扎龙、向海、青海湖、鄱阳湖、东洞庭湖、东寨港及香港米埔 – 后海湾等自然保护区被列入《国际重要湿地名录》，九寨沟、武夷山、张家界、庐山等自然保护区被联合国教科文组织列为世界自然遗产或自然与文化遗产。

自然保护区作为宣传教育的基地，通过对国家有关自然保护的法律法规、方针政策及自然保护科普知识的宣传，也使中国公民的自然保护意识得到很大提高。

1. 自然保护区的概念

自然保护区是指对有代表性的自然生态系统、珍稀濒危野生动植物物种的天然集中分布区、有特殊意义的自然遗迹等保护对象所在的陆地、陆地水体或者海域，依法划出一定面积予以特殊保护和管理的区域。

2. 自然保护区的功能分区

自然保护区可以分为核心区、缓冲区和实验区。

（1）核心区。自然保护区内保存完好的天然状态的生态系统以及珍稀、濒危动植物的集中分布地，应当划为核心区，禁止任何单位和个人进入。

（2）缓冲区。核心区外围可以划定一定面积的缓冲区，只准进入从事科学研究观测活动。

（3）实验区。缓冲区外围划为实验区，可以进入从事科学试验、教学实习、参观考察、旅游，以及驯化和繁殖珍稀、濒危野生动植物等活动。

原批准建立自然保护区的人民政府认为必要时，可以在自然保护区的外围划定一定面积的外围保护地带。

3. 自然保护区的类型

（1）国家级自然保护区。国家级自然保护区指在国内外有典型意义、在科学上有国际影响，或者有特殊科学研究价值，并经国务院批准建立的自然保护区。

（2）自然生态系统类自然保护区。自然生态系统类自然保护区指将具有一定代表性、典型性和完整性的生物群落和非生物环境共同组成的生态系统作为主要保护对象的一类自然保护区。

　　（3）野生生物类自然保护区。野生生物类自然保护区指以野生生物物种，尤其是珍稀、濒危物种种群及其自然生境为主要保护对象的一类自然保护区。

　　（4）自然遗迹类自然保护区。自然遗迹类自然保护区指将特殊意义的地质遗迹和古生物遗迹等作为主要保护对象的一类自然保护区。

第二章 湿地大课堂

第一节　亲近湿地

活动一　视觉练习——眼睛照相机

【活动流程】

两人一组，其中一人扮演摄影师，另一人扮演照相机。摄影师将引导闭上双眼的"照相机"。

摄影师负责寻找湿地中有趣美好的画面，一有发现，便调整"照相机"，让他（她）直接面向取景的方向。与此同时，摄影师温和地拉一下"照相机"的耳垂。"照相机"睁开眼睛，并模拟拍摄照片。

最后，参与者在全队人员面前重新描述他们记忆中的画面。

【提示】

相比以往我们在图片中看到的风景，经过眼睛"照相机"投影在脑海中的湿地景色是不是更加立体和鲜活呢？

图 2-1 摄影师带着"照相机"寻找画面

图 2-2 模拟拍摄

活动二　触觉练习——指尖的记忆

【活动流程】

两人一组，其中一人扮演"盲人"，另一人扮演组织者。

组织者用眼罩（可以用手代替）蒙住"盲人"的眼睛，并引导这位"盲人"在整片湿地植物中穿行。

在行走过程中，组织者将"盲人"引导至特定的地方，让他（她）用触摸、嗅闻甚至品尝的方法去感知湿地中的植物。至少5分钟后，参与者返回出发地点，拿下眼罩。

"盲人"根据脑海中的植物信息，重新寻找刚才感知过的环境和植物。

随后小组内角色互换，并重复以上过程。

图 2-3　触觉练习

【提示】

当蒙上双眼在湿地中行走时，曾经熟悉的一草一木都将带给你全新的感受！让我们放慢脚步，用心感受湿地里的一切吧！如果天气条件好，也可以尝试赤足前行哦！

活动三　听觉练习——湿地声音地图

【活动流程】

每位参与者各自在湿地中找到一个安静场所，彼此间相距5米以上，且不要互相打扰。

静下心来认真辨别周遭的各种声音，判断是什么物种、在何种方向、高低远近情况，并将获取到的声音信息记录在卡片上。

5—10分钟之后所有参与者集合，互相展示自己的湿地声音地图，并进行介绍和交流。

【提示】

无论是枝头的小鸟、池塘的青蛙还是草丛里的昆虫，都可以用简笔画绘出。不必加文字注解，但请尽可能重现声音的方向和距离。它将是全世界独一无二的湿地声音地图！

活动四　湿地寻宝

【活动流程】

每个参与者独自在湿地中漫游，寻找一个小小的可以握在手心里的珍宝。

当所有参与者返回时，收集大家找到的珍宝。所有参与者围成一圈，按照预先设定好的方向，一个接着一个从背后传递珍宝，只凭触摸去感觉这些珍宝。

一旦通过触觉确定传到手中的珍宝是自己的，就将其留下。

等所有参与者都拿到自己的珍宝后，逐一展示并介绍自己的珍宝。

附：湿地珍宝清单（只拣安全无害的东西）

◎ 一根羽毛
◎ 一支芦花
◎ 一块布满青苔的石头
◎ 三粒不同的种子
◎ 圆的东西
◎ 毛茸茸的东西
◎ 五种废弃物
◎ 美丽的东西
◎ 会响的东西
◎ 你认为重要的自然物
◎ 软的东西
◎ 等等

◎ 一颗果实
◎ 一片荷叶
◎ 一只莲蓬
◎ 一只伪装的动物或昆虫
◎ 碎蛋壳
◎ 尖的东西
◎ 非常直的东西
◎ 一片咬碎的叶子（不是你咬的）
◎ 白色的东西
◎ 跟你有关的东西
◎ 能吸收太阳能量的东西

小游戏一　小鱼捉小虾

【活动流程】

假设参与人数为 18 人。

选出 2 人分别扮演小鱼和小虾，剩下的 16 人分成 4 组。

4 个小组间隔一定距离平行站立。

参与者如同课间操排队般向两侧伸展开手臂，这样在排与排之间就产生了通道。伴随"救命"的口令，参与者集体向一个方向旋转 90 度，由此产生的新通道与之前的通道呈直角，之前可通行的通道就闭合，变为不可通行了。

小虾穿行逗留于上述通道中，并被小鱼追捕。只有小虾才有资格喊出"救命"这个口令，这样当小鱼靠近时，小虾就可以利用手臂形成的篱笆保护自己。

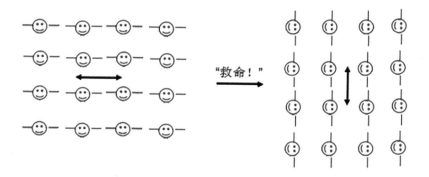

图 2-4　游戏示意图

【提示】

这个捕食奔跑游戏可迅速为户外活动热场，带动所有参与者的良好情绪。游戏开始前，请多练习几遍按指令旋转的动作。一旦游戏开始，将会非常激烈而有趣。

小游戏二　木棍游戏

【活动流程】

参与者需将木棍垂直竖立地握在身前，木棍的一端要与地面接触。

当听到"开始"口令时，每个参与者都松开自己手中的木棍，跑向顺时针方向邻居的木棍，试着在木棍倒地前接住。

未及时抓住木棍的参与者，将被淘汰出局，当仅剩一人时游戏结束。

图 2-5　木棍游戏

【提示】

游戏在同一方向进行一段时间后，还可以换成反方向继续进行。

第二节　水的湿地之旅

活动一　模拟湿地的净水功能

【材料】

2个底部穿孔的塑料容器（如矿泉水瓶等），碎石，枯叶和沙子，苔藓或蕨类小植物，1个装满4升水的桶，2个2升量杯。

【活动流程】

在第一个塑料容器里，装入碎石，直到几乎装满。然后，在碎石顶部覆盖一层枯叶或沙子。

在第二个塑料容器里，装入足够大的石块盖住底部。然后，在上面放一层碎石、沙子及枯叶。最后，铺上一层土壤，栽种苔藓或蕨类小植物。

把2个塑料容器挂在空中，其高度与参与者的视线基本持平。用水桶往2个塑料容器里各倒2升泥水。用量杯接住塑料容器底部流下来的水。

参与者会看到每个塑料容器里流出的水的纯度和水流的速度，就观察到的现象进行讨论。

【知识拓展】

湿地的净水功能十分突出，能够清除土壤中的氮、磷污染，是人类生产生活污水的天然过滤池。进入湿地中的水体，由于流速降低，引起沉积。沉积物对化学物质进行吸收，再次沉积下来，使水质净化。

一些湿地植物能有效地吸收污染物。例如，湿地中的许多浮水、沉水植物在组织中富集的重金属浓度比周围水体高出 10 万倍以上。水葫芦、香蒲和芦苇都已被成功地用来处理污水。但人类也必须认识到，湿地吸纳沉积物、营养物和有毒物质的能力是有限度的，不能仅仅依靠湿地来缓解过量的沉积物、营养物和有毒物质，还要改变流域内土地的利用方式，控制有毒物的过量排入。

活动二　降雨量测量

【材料】

3 个雨量计量器或小量杯（用来测量降雨量），工作记录单（见表2-1）。

表 2-1　工作记录单

测量点	高郁闭度植物	低郁闭度植物	开阔地
读数日期			
读数时间			
天气状况			
降雨开始时间			
计量器水位（cm）			

注：郁闭度是指森林中乔木树冠遮蔽地面的程度，即林冠覆盖面积与地表面积的比例。

【活动流程】

活动开始前，向参与者展示雨量计量器，解释计量器测位的要求，介绍读出计量器水位的办法。

选择一个雨天开展活动。

把雨量计量器安放在 3 个不同的测量点，分别为高郁闭度的植物下、低郁闭度的植物下，以及附近的开阔地。

观察 3 个计量器，将结果记录在表格中。

开展讨论：下雨的时候，为何植物能保存那么多的雨水？

【知识拓展】

径流是指降雨及冰雪融水，或者在浇地的时候，在重力作用下沿地表或地下流动的水流。

径流有不同的类型，按水流来源，可分为降雨径流、融水径流、浇水径流；按流动方式，可分为地表径流、地下径流，地表径流又分坡面流、河槽流。

径流是地球表面水循环过程中的重要环节，它的化学、物理特性对地理环境和生态系统有重要的作用。径流是流域中气候和下垫面各种自然地理因素综合作用的产物。植被，特别是森林植被，可以起到蓄水、保水、保土作用，削减洪峰流量，增加枯水流量，使河川径流的年内分配趋于均匀。

湿地能存水，每年汛期洪水到来，众多的湿地以其自身的庞大容积、深厚疏松的底层土壤（沉积物）蓄存洪水。同时，湿地汛期蓄存的洪水，汛后又缓慢排出多余水量，可以调节河川径流，这样就可以保持流域水量平衡。某些湿地通过渗透，还可以补充地下蓄水层的水源，对维持周围地下水的水位，保证持续供水具有重要作用。

活动三　小小水质调查员

【材料】

容器（每个小组 2 个或 3 个），绳子，简易温度计，pH 试纸，纱网，透明玻璃罐，放大镜，平底容器，量尺，测量氧气和硝酸盐含量的器具，计时器，铅笔，简易水生动植物图谱，工作记录单（见表 2-2）。

表2-2　工作记录单

城市名称：　　　　　　　　　河流、湖泊名称：

调查日期：　　　　　　　　　天气状况：

序号	水温	颜色	流速	气味	pH 值	溶解氧含量	硝酸盐含量	水生动物种类	水生植物种类

【活动流程】

分组并简要介绍后，分发材料。

没有必要对工作记录单上的所有调查结果进行分析。例如，确定DO(溶解氧）和硝酸盐含量是专业人员的任务。

总结时，小组提交工作记录单，对比结果。组织者帮助参与者解读结果，对水质进行粗略评估。

【调查内容】

水温：用简易温度计实地测量。

颜色：把水收集到透明玻璃罐中，后面放一张白纸，与其他样本放在一起比较观察。不要局限于在一个地点收集水样。

流速：可用眼观察，看水是否流动。测量方法：把一条固定长度的绳子放到水里，然后放进一块木头，使用计时器，测量木头从绳子一头到另一头的时间。

气味：参与者取水后，用鼻子闻。

pH 值：使用 pH 值指示剂试纸。

溶解氧和硝酸盐含量：在专业人员的帮助下使用相关仪器进行测量。

水生动物、植物种类：观察是否有水草、鱼虾、水生昆虫及其他动物。根据参考资料给出的快速指南确定或大致描述、画出。

【知识拓展】

（一）水污染的主要污染源

工业废水和生活污水是最主要的污染源，随着工业经济的发展和人口的增多，产生的污水不断增多。

1. 工业废水

工业废水中往往含有对水体有污染的物质或者是有毒的物质，如不经处理排入水体，对生物的影响往往是致命的，为此，产生废水的工业部门都有各自的排污标准。

工业废水主要来自冶金、石油化工、轻工业三大部门中的钢铁厂、化工厂、农药厂、电镀厂、造纸厂、印染厂、合成纤维厂、食品加工厂等。

2. 生活污水

生活污水是指人们在生活过程中排出的污水，主要包括粪便水、洗涤水等。生活污水必须建立专门的污水处理厂进行处理。

3. 农业污水

农业污水指农村大面积的污水灌溉，以及施用化肥、农药下渗污染地下水。

4. 偶然事件导致的水污染

自然灾害、战争、化学品泄漏等导致的水污染，都是偶然事件导致的水污染。例如，海湾战争导致伊拉克的原油泄漏和油井起火，引起大面积的海洋污染。

（二）水污染的防治

水污染的防治主要实行"预防为主、防治结合"的政策。

1. 预防措施

（1）逐步减少污染严重的工业，如电镀业、造纸业等。对小型的、生产技术落后的厂家要实行关、停、并、转、迁。

（2）有关企业要从改革工艺入手，尽量减少废水的产生或者降低废水中污染物的浓度（如电镀厂引进无氰电镀工艺）。

（3）生活中使用无污染的产品，如使用无磷洗衣粉。

2. 治理措施

从技术措施上讲，污水处理的方法可以分为物理处理法、生物处理法、化学处理法等。化学处理法是利用化学反应除去污染物或改变污染物的性质，使其变得无害，包括中和法、氧化还原法、化学沉淀法、萃取法、电解法等。

小游戏一　水之语

【准备工作】

在索引卡片上书写湿地和水的概念术语，卡片背面留白。根据参与者的年龄和概念术语的难度，准备比参与者人数多3—5倍的概念术语和图片。

比如：洪水、雨、雪、冰雹、雾、云、海、湖泊、池塘、小溪、大河、水坑、地下水、退潮、涨潮、泛滥、干旱、雷暴、泥石流、雪崩、饮用水、冲洗水、洗涤水、水力、瀑布、侵蚀、山崩、水短缺、泉水、防护林、苔藓、湿地土壤、存储效应、过滤效应、土壤酸化、冷却水、蒸发、水蒸气、水循环、水平面、水流速度、水温、栖息地、食物、波浪、空气湿度、自来水、废水、水污染、漩涡。

【活动流程】

组织者将所有的卡片任意无序地放在地上，字面朝上。

参与者有2分钟的时间，记忆在各自位置上的所有概念术语，然后把卡片原地翻转过来。

组织者告知参与者活动规则：小组有2张"王牌"，也可以说，所有卡片中没有把握的2张可以放到最后翻。

活动开始前，小组内大概估计一下会出错几次（换言之，可以翻错几张卡片），统计出具体次数。

组织者随意叫出这些概念术语，参与者把正确的卡片翻过来。

当所有卡片都被翻过来时，数一数实际犯错次数，并与小组事先估计的数值进行比较。然后讨论：完成任务时哪些方面有困难？哪些方面有帮助？下次完成同样任务时有哪些策略可以运用？

【知识拓展】

水是人类生活中不可缺少的物质。

海洋和地表中的水蒸发到天空中形成了云，云中的水通过降水落下来变成雨，冬天则变成雪。落于地表上的水渗入地下形成地下水；地下水又从地层里冒出来，形成泉水，经过小溪、江河汇入大海，形成一个水循环。雨雪等降水活动对气候形成有重要的影响。在温带季风性气候中，夏季风带来了丰富的水汽，夏秋多雨，冬春少雨，形成明显的干湿两季。此外，在自然界中，由于不同的气候条件，水还会以冰雹、雾、露水、霜等形态出现并影响气候和人类的活动。

地球表面有71%被水资源覆盖，从空中来看，地球就是个蓝色的星球。水侵蚀岩石土壤，冲淤河道，搬运泥沙，营造平原，改变地表形态。地球表层水体构成了水圈，包括海洋、河流、湖泊、沼泽、冰川、积雪、地下水和大气中的水。由于注入海洋的水带有一定的盐分，加上常年的积累和蒸发作用，海水和大洋里的水都是咸水，不能被直接饮用。某些湖泊中的水也是咸水，比如：死海。

小游戏二　惜水如金

【材料】

2只水桶,2个不同大小的容器(塑料量杯等)。

【活动流程】

第一只水桶装1/3的水,放在场地中间。组织者向参与者解释,水桶中的水代表地球上的淡水资源。

第二只水桶装满水,放在离第一只水桶7米远的地方。组织者向参与者解释,这只水桶中的水代表补给的水循环。

与第一只水桶方向相对,与第二只水桶距离7米远的位置,在地面上做标记。组织者向参与者解释,淡水消费者站在这个标记的后面。

把参与者平均分成2个小组。一组扮演淡水消费者,即"水消费组";另一组要确保淡水资源量再次更新,即"水保护组"。"水保护组"在装满水的水桶后面站成一排,"水消费组"站在有标记的另一端。

给"水保护组"一个小容器,给"水消费组"一个大容器。

组织者向参与者解释,根据接力赛跑的原则运输水,每组中的上一个参与者,将容器传递给下一个。

"水保护组"的成员从装满水的水桶中一个接一个地舀出水,然后带着装水的容器跑到装1/3水的水桶,并把水倒进水桶。

"水消费组"的成员一个接一个地走向装1/3水的水桶,装满他们的容器后跑回,并把水倒在标记处。

游戏的最后,装1/3水的水桶(代表地球上的淡水资源)变空了。

让参与者在下一轮游戏中互换角色。由于容器的大小不同,"水消费组"(几乎)总是赢。

参与者应通过容器大小的变化、水桶和标记之间的距离,探究消费群体问题是否加剧以及问题如何得到解决。

让参与者在反思的过程中，把游戏中反映的问题与现实结合，然后提出以下问题，如：水用到哪里去了？怎样减少水消耗（包括工业用水、农业用水，当然也包括自己的水消耗）？水在世界上其他国家或地区的情况是怎样的？水价要提高吗？可用的水分配公平吗？

【知识拓展】

地球上的水资源，从广义来说，是指水圈内水量的总体，包括经人类控制并直接可供灌溉、发电、给水、航运、养殖等用途的地表水和地下水，以及江河、湖泊、井、泉、潮汐、港湾和养殖水域等。

水资源是发展国民经济不可缺少的重要自然资源。在世界许多地方，对水的需求已经超过水资源所能负荷的程度，同时有许多地区也面临水资源利用不平衡的状态。

地球总储水量虽然很丰富，但不是所有的水都是可用的。地球上的水，尽管数量巨大，能直接被人们用于生产和生活的，却少得可怜。首先，海水又咸又苦，不能饮用，不能浇地，也难以用于工业。其次，地球的淡水资源仅占其总水量的 2.5%，而在这极少的淡水资源中，又有 70% 以上被冻结在南极和北极的冰盖中，加上难以利用的高山冰川和永冻积雪，有 87% 的淡水资源难以利用。人类真正能够利用的淡水资源是江河湖泊和地下水中的一部分，约占地球总水量的 0.26%。

第三节　脚下的土壤

活动一　简易的土壤动物调查

【材料】

3 毫米厚的筛网，白色床单或大白纸，放大镜，小塑料瓶，昆虫吸虫器，昆虫分类图册等相关出版物。

【活动流程】

选择土壤潮湿的地点。

把参与者分成若干工作组，每组 4—6 个人。

给每个工作组分配材料。

向参与者演示如何把土放在筛网上过滤，过滤到白色床单或大白纸上。

生活在土壤里的一些微小动物将留在筛网上。用镊子或者昆虫吸虫器把这些小动物收集到塑料瓶里或放大镜下。

用放大镜观察收集到的土壤动物，尽量不要让它们长时间暴露在太阳下。

把这些动物放回原来的地方，对实验做出总结。切记即使是最微小的动物也有它存在的重要性，所以应该小心对待，在没有任何伤害的情况下还它们自由。

【知识拓展】

介绍一种自制简易吸虫器的做法。

材料：1个透明的塑料瓶（比如胶卷盒、大号离心管）或玻璃瓶，2根长塑料软管或橡胶管（依据昆虫大小选择不同直径），1个合适大小的尼龙网。

说明：用一把尖头刀，在塑料瓶顶部和底部分别开一个小口。开口的大小与塑料软管的直径大小相同，以便插入塑料软管时能紧紧固定。塑料瓶顶部插入塑料软管1—2厘米，在另一根塑料软管上套上尼龙网，插入塑料瓶的另一端。

使用方法：对着套尼龙网的管子的端口吸口气，就可以吸入位于下方管子开口处的昆虫。尼龙网的作用是防止昆虫被吸到嘴里。此吸虫器只适用于匹配管子截面尺寸大小的昆虫。

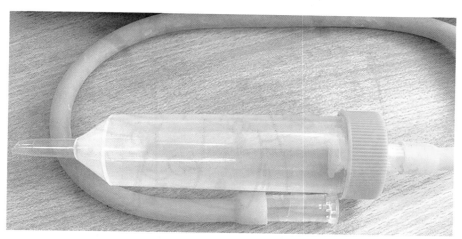

图 2-6 自制简易吸虫器（图片来自网络）

活动二　土壤酸化研究

【材料】

酸度计（或酸碱指示剂试纸），蒸馏水，小桶，铲子或挖土用的木棒。

【活动流程】

选择地块，采集不同地质条件或植被类型下的土壤样本。

用酸度计或酸碱指示剂试纸测定 pH 值。注意：按照酸度计或酸碱指示剂试纸的操作规范进行测定。

对比 pH 值，尽量解释土壤酸度不同的原因。

图 2-7　土壤酸化漫画

【知识拓展】

　　湿地土壤污染是指工农业和生活活动所排放的含营养盐、有机物和重金属等污染物质的水体进入湿地沉积，从而对湿地生态系统造成持续影响的过程。

　　湿地土壤的污染，一般是通过大气与水污染的转化而产生的，它们可以单独起作用，也可以相互重叠和交叉进行，属于点污染的一类。

　　随着农业现代化，特别是农业化学化水平的提高，大量化学肥料及农药散落到环境中，土壤遭受非点污染的情况越来越多，其程度也越来越严重。在水土流失和风蚀作用等的影响下，污染面积不断地扩大。

　　湿地土壤具有较好的团粒结构，土壤动物、微生物种类和数量较多，是许多化学反应的载体，使湿地土壤有利于对污染物质的去除。湿地土壤通过截留、吸收、沉淀、吸附、交换、代谢、氧化还原等途径对污染物质进行净化，同时土壤微生物及土壤动物对污染物质的分解及转化起了重要作用。

活动三　落叶的分解调查

【材料】

　　白纸，胶水或双面胶。

【活动流程】

　　把参与者分成若干小组，每组 4—6 个人。

　　把材料分发给小组。

　　收集湿地土壤上层土中的落叶，对比颜色和分解的程度。

　　把树叶放在白纸上，排成一定的顺序。例如，从完整的落叶到分解程度很大的落叶。

　　检查顺序的正确性，然后把落叶粘到纸上。

各组可以保留他们的作品。

在活动的最后，参与者会注意到：和木头、枝条、树根一样，由于土壤里的有机质不同，树叶的分解也经历了多种阶段，最后成为腐殖质。植物通过这种分解过程，获取到营养成分。

图 2-8   分解程度不同的落叶

【知识拓展】

湿地生态系统由于长期处于过湿的状态，其植物残体很难分解或分解缓慢，使湿地土壤储存了大量的营养物质，增加了湿地土壤的肥力。湿地土壤通过截留、沉积等过程蓄积了部分养分元素，并通过这些养分元素在生物地球化学循环[1]过程中的迁移、转化，产生了巨大的生态功能。

活动四   水土流失实验

【材料】

2个量杯，2个盒子（用于装土壤和植物），塑料薄膜，2个滤网，塑料袋。

——————

[1] 在地球表层生物圈中，生物有机体经由生命活动，从其生存环境的介质中吸取元素及其化合物（常称矿物质），通过生物化学作用转化为生命物质，同时排泄部分物质返回环境，并在其死亡之后又被分解成为元素或化合物返回环境介质中。这一个循环往复的过程，称为生物地球化学循环。

【准备工作】

把塑料袋套在盒子上，在每个盒子上剪开一个口用于排水。

在第一个盒子里装入裸露的土壤，在第二个盒子里装入含有植物根系、苔藓和落叶的湿地土壤。

【活动流程】

把盒子并排放在一起，将量杯呈45度放置在盒子的排水口。

盒子底部装上滤网，在盒子的上部倒入一定量的水，流出的水经排水口进入量杯。

观察发现，湿地土壤能保存大部分的水，静待片刻才会有水渗出，且量杯中的水非常清澈。另一方面，裸露土壤受到很大程度的侵蚀，几乎所有的水迅速流入量杯中，而且是泥水，经过侵蚀后的土壤留在了滤网上。

图2-9　水土流失实验

【知识拓展】

湿地土壤对地表水分的分配与调节，影响着湿地及其周边环境的区域水平衡。湿地土壤水文调节功能与土壤含水量密切相关，土壤含水量的多少，以及饱和持水量的大小，决定了湿地土壤水调蓄空间。

土壤渗透性表征土壤对降水、地表径流的入渗与吸收能力，是土壤水文调节功能极为重要的特征参数之一。渗透率越大，土壤的水文调节能力越强。

第四节　探索身边的生物

活动一　植物拼图

【材料】

来自不同种类植物的枝条（1.0—1.5 米，应尽量平直）。

【活动流程】

将参与者分为若干小组。

每个小组分到一根来自不同种类植物的大枝条。

组织者将每组分到的大枝条裁剪成小段，把这些枝条小段零乱地堆成一堆。

每个小组要将这堆截断的枝条恢复成大枝条的样子。

【知识拓展】

湿地植物泛指生长在湿地环境中的植物。广义的湿地植物是指生长在沼泽地、湿原、泥炭地或者水深不超过 6 米的海域中的植物。狭义的湿地植物是指生长在水陆交汇处，土壤潮湿或者有浅层积水环境中的植物。

我国湿地植物具有种类多、生物多样性丰富的特点。据调查，我国湿地高等植物约有 225 科 815 属 2276 种，分别占全国高等植物科、属、种数的 63.7%、25.6% 和 7.7%，细分为：苔藓植物有 64 科 139 属 267 种，凤尾藓科最多，其次为柳叶藓科、泥炭藓、青藓科、蔓藓科等；蕨类植物有 27 科 42 属 70 种，金星蕨科最多，其次为木贼科、蹄盖蕨科；裸子植物有 4 科 9 属 20 种，包括松科、杉科、麻黄科和买麻藤科；被子植物有 130 科 625 属 1919 种，禾本科最多，其次是莎草科、菊科、唇形科、蓼科、毛茛科和黎科等。

在我国湿地植物中，有国家一级重点保护野生植物 11 种（中华水韭、宽叶水韭、水松、水杉、莼菜等）、国家二级重点保护野生植物 22 种（八角莲、红榄李、西南手参、十字兰、粗梗水蕨等）。

活动二　调查湿地的植物资源情况

【材料】

植被调查表（见表 2-3）。

表 2-3　植被调查表

湿地简述（位置、面积、植物类型、水域等）：

物种相对数量估算：
采用布朗 - 布兰克（Braun-Blanquet）的植物出现频度估算法。
5 ＝覆盖到整个调查区的 75%—100%　　　4 ＝覆盖到整个调查区的 50%—74%
3 ＝覆盖到整个调查区的 25%—49%　　　2 ＝覆盖到整个调查区的 5%—24%
1 ＜覆盖到整个调查区的 5%，但数量较多
＋＝少量出现　　　　　　　　　　　　r ＝数量极少

物种	数量	物种	数量
乔木层		草本层	

续　表

物种	数量	物种	数量
灌木层			

【活动流程】

　　要求参与者考察不同湿地类型，并且对植被进行调查分类后制作空间分布表（表2-4）。

　　在不同湿地类型中采用相同的调查方法和样方（如10米×10米）。样方网格的大小取决于调查所需的精度。

　　请参与者对照清单鉴别样方网格中植物的名称，并估计各种植物出现的频率，分别调查乔木、灌木、草本等不同层次的植物类型，记录在植被调查表上。

　　参与者还可利用一张植物空间分布表描述这一湿地的植物资源情况。

　　让参与者比较他们的结果并讨论。

表 2-4　湿地植物空间分布表

湿地植物分布图例标记：

乔木 ♀
灌木 ⚤
草本 △
苔藓 ∈
藤本 &

示例：

	△	♀			♀	
♀	⚤	∈	&	⚤		♀
△		△			△	
⚤	∈		⚤		&	♀
♀		△		∈	⚤	
	⚤	♀		♀		

续　表

活动三　鸟语婉转

【活动流程】

把参与者带到能够听到不同鸟类声音的湿地环境中。

让参与者围坐在一起，静坐片刻以便集中精力，然后开始聆听周遭各种鸟类的声音以及其他声音。

如果听到鸟类的鸣叫，那么让参与者用手指指向声音的来源。参与者应能够辨别鸟类声音的响亮和轻柔，区分鸟类声音来源的远近距离，识别鸟类声音是来自树上还是地面。

然后向参与者介绍3—4种典型鸟类的叫声，比如乌鸦、燕子、喜鹊，并要求参与者每次听到熟悉的鸟类声音时，快速举手示意。

如果参与者集中精力倾听，那么他们还可以听到昆虫的声音、风的声音、雨的声音、流水的声音，以及来自远处的汽车、飞机等发出的声音。

活动的最后，给参与者提供听到了声音的动物的背景信息：该种动物是如何生活的？为什么该种动物能够发出这种声音？

【知识拓展】

湿地水鸟是指在生态上依赖于湿地，即某一生活阶段依赖于湿地，且在形态和行为上对湿地形成适应特征的鸟类。它们以湿地为栖息空间，依水而居，或在水中游泳、潜水，或在浅水、滩地与岸边涉行，或在其上空飞行，以各种特化的喙和独特的方式在湿地觅食。

例如，环颈鸻（*Charadrius alexandrinus*）在滩涂上快步行走以啄食可见食物；黑腹滨鹬（*Calidris alpina*）以喙探试土表下方的食物；大杓鹬（*Numenius madagascariensis*）可将喙探到泥滩深处找寻食物；反嘴鹬（*Recurvirostra avosetta*）以其上翘的喙在浅水中左右扫动，以搅动底泥而惊动底栖昆虫或甲壳类动物再行捕食；红颈瓣蹼鹬（*Phalaropus lobatus*）觅食时常先在水面打转，造成旋涡水流，并激起水底的食物，以利于取食；蛎鹬（*Haematopus ostralegus*）会用特殊的喙撬开双壳贝；翻石鹬（*Arenaria interpres*）的觅食方式就像其名字一样，可将石头翻起，寻觅隐藏在下面的食物。

图 2-10　环颈鸻（图片来自鸟网）

图 2-11 黑腹滨鹬（图片来自鸟网）

图 2-12 反嘴鹬（图片来自鸟网）

食物链游戏一　鸟类→甲虫→植物

【活动流程】

　　画出游戏场地,场地的边界必须是可见的。根据参与者的人数,场地的面积可以在20米×20米至30米×30米之间。

　　1人扮演以昆虫为食的"鸟类"（例如,燕子）,5—7人扮演"甲虫",剩下的参与者扮演"植物"。

　　每株"植物"都将得到2片叶子,扮演者要将这2片叶子分别拿在左手、右手里。

　　"植物"的间距约为5米,带着2片叶子,棋盘式但不规则地分布在游戏场地中。"植物"将叶子向上握住,以便"甲虫"更好地看见它们。

　　"甲虫"们出发寻找食物,他们走向或奔向每株"植物",拿走他的一片叶子,表示他们啃食了这株"植物"。每只"甲虫"只允许啃食一片叶子。"甲虫"要将觅食时得到的叶子保管好。

　　如果这株"植物"的2片叶子都被啃食了,那么这株"植物"死去,扮演者蹲下。

　　与此同时,"鸟类"在狩猎着"甲虫"。一旦"鸟类"碰触到一只"甲虫",就表示这只"甲虫"被吃掉了。

　　游戏的目标为"甲虫"得到尽可能多的"叶子",而"鸟类"尽可能快地捉到"甲虫"。

　　当所有"甲虫"都被吃掉后,一轮游戏结束。

【注意事项】

　　每轮游戏中,只能有1只"鸟"。

　　第一轮游戏中,7只"甲虫"出发觅食。当所有"甲虫"都被"鸟类"捉到后,请清点被啃食的叶子以及死去的"植物"。这轮游戏中,被啃食的叶子的数量应该较多。

第二轮游戏中，只有3只"甲虫"出发觅食。当游戏结束后，请再次清点被啃食的叶子以及死去的"植物"。这轮游戏中，被啃食的叶子的数量应比在上轮游戏中的少些。

第三轮游戏中，只有1只"甲虫"出发觅食。

【提　示】

在游戏进行的过程中，参与者们将认识到，"甲虫"数量的减少也意味着被啃食掉的叶子和死去的"植物"的减少。总结而知："甲虫"减少后，"植物"被啃食的状况将会好转。

向参与者解释，由于目前湿地中鸟类越来越少了，所以人们只能通过播洒农药来减少蛾类、蝉、甲虫类对植物的危害。

食物链游戏二　　跳蚤→小鸟→蜘蛛

【活动流程】

先在游戏场地中间画一条中线，2组成员面对面站立于中线两边，再画出场地边缘的界线，并规定界线外禁止捕捉。

游戏中存在3种动物，分别为跳蚤、小鸟、蜘蛛，参与者可通过其特有的姿态来模拟这3种动物。

跳蚤：通过食指刺向空中来模仿。

小鸟：通过拍打翅膀来模仿。

蜘蛛：通过像蜘蛛一样的爬行动作来模仿。

三种动物的关系是这样的：小鸟吃蜘蛛，蜘蛛吃跳蚤，跳蚤蜇小鸟。

参与者们分成2组，面对面站成2排。每组的成员可以商定他们打算在接下来一轮游戏中共同扮演哪种动物，但这个决定不能让对方知道。

伴随着游戏"开始"的指令，所有参与者通过模拟动物姿态开始扮演动物，追捕也就开始了。

被吃掉或被蜇到的组员，将变成对方组的组员。

若双方扮演的是同一种动物，可以相互握手表示友好，再重新商定各自所扮演的动物。

如果整组人全部被吃掉或蜇到了，那么可以开始新一轮的游戏。

【提示】

自然界中遍布着复杂的食物网络，再凶悍的动物也都有自己的天敌。通过这个游戏，我们会了解到保护大自然、维持生态平衡的重要性。

【知识拓展】

"食物链"一词是英国动物生态学家埃尔顿（C.S.Eiton）于1927年首次提出的。生态系统中贮存于有机物中的化学能，在生态系统中层层传导，通俗地讲，是各种生物通过一系列吃与被吃的关系，把这种生物与那种生物紧密地联系起来。这种生物之间以食物营养关系彼此联系起来的序列，就像一条链子一样，一环扣一环，在生态学上被称为食物链。简言之，在生态系统内，各种生物之间由于食物而形成的一种联系，叫作食物链（food chain）。

食物链的开端通常是绿色植物（生产者）。从绿色植物开始至少要有3个营养级。书写食物链是从生态系统中能量传递起始的那种生物（生产者）开始，而不是非生物的成分，如太阳。

食物链中有多种生物，后者可以取食前者，如在草原上，青草→野兔→狐狸→狼；在湖泊中，藻类→甲壳类→小鱼→大鱼。食物链的第二个环节通常是植食性动物，第三个或其他环节的生物一般都是肉食性动物。

不同生物之间要用向右的箭头表示出物质和能量的流动方向。一条完整食物链的最后往往是相关叙述或者事实上的最高营养级，没有别的生物取食它。谚语"螳螂捕蝉，黄雀在后"可以书写出一条食物链：树→蝉→螳螂→黄雀。

第五节　空气无处不在

活动一　飘行的种子

【材料】

已结种子（白色、蓬松球状）的蒲公英。

【活动流程】

首先询问参与者什么东西可以在天空中飞行，参与者可能会回答：鸟、飞机等。

随后带领参与者讨论哪些植物的种子可以在天空中飞行。不同种子在空中飞行的方式不同，有些随风飘扬（如蒲公英的种子），有些在空中旋转翻动（如枫树的种子）。能在空中飞行的种子通常呈现特殊形状，以帮助其达到飞行的目的。

向参与者解释为什么风携带种子有利于植物的繁衍生息。

引导参与者在湿地中寻找已经结种子的蒲公英，观察风如何携带种子飞行。

图 2-13　蒲公英

【提示】

可以在春末开展此活动，那时正是蒲公英结种传播的季节。

寻找利用风传播的本地物种，如晚秋时结籽的乳草属植物、蓟等。利用其他植物重复此活动。

【知识拓展】

风媒植物指借风力为媒介进行传粉的植物。风媒植物约占有花植物总数的 1/5，如木本植物中的桦树、榛树、栎树、杨树等。草本植物中的水稻、苔草、车前等都是风媒植物。它们的花都有适应风力传播花粉的特点，如花被不明显，花粉光滑、轻、数量多等。风对于很多植物意义重大。种子随风飘到某个地方，落入土壤，开始生长。被风携带的种子经常远离母体，这有助于植物种子到新的地方发芽生根，繁衍生息，避免和母体竞争光照、水分和养料。种子随风飘到其他地方被称为风力传播。

活动二　空气无处不在

【材料】

有风的天气，干净的加盖容器。

【活动流程】

向参与者展示空容器，问问他们里面有什么。参与者轮流观察容器。如果参与者回答"什么也没有"，则提醒他们容器里有空气，告诉他们，尽管空气不可见，但它是充斥在周围的真实物质。

询问参与者是否有办法证实空气的实际存在，给参与者一些时间开展头脑风暴。

询问参与者如何用感官感受空气，如何倾听、感觉、品尝、看到、闻到空气。

向参与者解释尽管空气看不到也听不见，却能感受到流动的空气对物体的作用，如刮风时旗子飘扬、树叶响动。

激发参与者探索多种感受空气的方式，引导参与者感受吹在手上、胳膊上的风，感受奔跑时风吹过头发，在空气中挥舞手臂。

询问参与者能否听到空气的声音，要想听到空气的声音需要具备什么条件。请参与者列举空气中发出的声音。他们听到的声音实际上是空气经过时引发的物体振动。

请参与者伸出舌头，问问他们是否能尝到空气的味道。

请参与者辨认空气中的气味。如果空气中有气味，组织者可能需要解释闻到的并不是空气本身的气味，而是通过空气传播到鼻子里的来自许多物体的微粒。

【知识拓展】

我们的周围到处都是空气。尽管不能直接看到，但通过观察空气流动时物体的变化就可以观察和感受到空气的作用。在温暖或凉爽的日子，我们能清楚地感受到空气的温度。刮大风或风吹过手背时，我们也能感受到空气的流动。

空气究竟是什么？空气不是虚空，而是真正占据空间的物质。只需要一杯牛奶和一根饮料吸管，就可以看到空气：把空气吹入牛奶，空气从牛奶表面冒出的泡泡中溢出。空气是混合气体，主要包括氮气和氧气。氧气是人类和所有动物在呼吸过程中所需的气体，氧气和氮气都是维持生命所必需的成分。空气还包括浓度相对较小的其他一些气体，其中最为大家所熟悉的是二氧化碳。动物在呼吸过程中呼出二氧化碳，植物吸收二氧化碳，它们的生长都需要这种气体。水蒸气是另一种含量虽小但非常重要的气体。

活动三　风中丝带

【材料】

长度至少30厘米的彩色、轻质碎布条或丝带，1棵树或者户外标杆，绘图纸，记号笔。

【活动流程】

给每个参与者发一条布条或丝带，让他们在树上找一个地方固定好布条或丝带的一端，另一端形成长长的"尾巴"悬挂在树上。

询问参与者如何利用丝带观察和测量风，在绘图纸上记录下来。在接下来的几天内把这些办法付诸实践。

【提示】

为了增加趣味性，可在每条丝带末端绑一个乒乓球，这样更加方便观察。有了乒乓球，微风时丝带就不会被吹起。

活动四 花粉游戏

【材料】

美术纸（撕成非常小的碎片），卡纸，干净的双面胶，郁金香、百合花等通过风传播花粉的真花，放大镜，美术工具。

【活动流程】

参与者首先把卡纸剪成花朵形状，利用美术工具制作一朵纸花，并把一条双面胶贴在纸花的中间。

向参与者解释有些植物通过传播花粉完成繁殖，引导参与者仔细观察带花粉的真花，发现花粉长在花蕊上。

请参与者围坐在地板上，组织者站在中央并告诉参与者，接下来要像花那样把花粉散到风中，参与者作为花朵的任务是坐着捕捉花粉。

组织者向空中抛撒美术纸碎片，围坐一圈的参与者举起花朵捕捉花粉。并不是所有的花粉都能传播到另一朵花上（因为很多纸片会掉到地上），这近似真实的风力传播。

【提示】

一定要让每个参与者都有机会接到一些花粉。

向参与者说明有些植物通过风授粉，有些则通过昆虫。集体讨论哪些特征表明某种植物通过风授粉，哪些特征表明某种植物依靠昆虫授粉。

【知识拓展】

在自然条件下，昆虫（包括蜜蜂、甲虫、蝇类和蛾等）和风是最主要的两种传粉媒介。此外，蜂鸟、蝙蝠和蜗牛等也能传粉。

有花植物在植物界如此繁荣，与花的结构和昆虫传粉是分不开的。

靠昆虫为媒介进行传粉的传粉方式称虫媒。借助这类方式传粉的花，称虫媒花。多数有花植物是依靠昆虫传粉的。常见的传粉昆虫有蜂类、蝶类、蛾类、蝇类等。虫媒花通常有以下特点：①多具特殊气味以吸引昆虫；②多半能产蜜汁；③花大而显著，并有各种鲜艳颜色；④结构上常和传粉的昆虫形成互为适应的关系。

靠风力传送花粉的传粉方式称风媒。借助这类方式传粉的花，称风媒花。大部分禾本科植物和木本植物中的栎、杨、桦木等是风媒植物。裸子植物如松、杉、柏等基本上是风媒植物。风媒花的特点是花小、不明显、颜色不鲜艳，没有蜜腺和气味。被子植物风媒花柱头大，分枝，粗糙具毛，常暴露在外，适于借风传粉。

第六节　可持续利用与保护

活动一　模拟湿地植物生长

【活动流程】

分给每个参与者一只气球。不同颜色、形状和特征的气球象征着不同的植物。

大约 3/4 的参与者拿着他们各自没有被吹气的气球，尽可能近地站在一起。每个参与者向气球里轻轻地吹气，象征着植物这一轮的生长。参与者继续向气球中吹一些气，象征着下一轮植物的生长。因为每一个参与者向气球中吹送的气量不同，"植物"生长情况的不一致性便一目了然。在一个湿地植被形成的过程中，"林业人员"会过来取走一些可利用的植物。"林业人员"将几个气球绑扎在一起，并要求参与者将这些收获的植物摆放在一旁。

与此同时，余下 1/4 参与者中的一个，可以带着他（她）还没有吹起来的气球站到刚刚空缺出来的位置。

在下一个生长阶段中，气球又将被吹大一些。这样就有一些大的，一些非常大的，又或是一些小的气球，即植物。

"林业人员"在植物利用的范畴之内再取走一些气球，把它们绑扎在一起，放入之前收获的气球堆里。

【提示】

该活动一方面能以气球充气的不同强度来代表植物生长的差异，另一方面可以很好地表现出如何进行合理利用为新生植物的生长创造空间。

活动二　二氧化碳气球

【活动流程】

请在活动开展过程中引入与其相关的二氧化碳固存的主题。

可用如下活动，象征性地体现固存在植物中的二氧化碳的释放过程。

植物腐朽：通过给气球慢慢放气（带着"吱吱"的刺耳声音）的方法，让一个完全吹起的气球变为"死植物"。用这样的方式，可以向参与者演示，植物腐朽的过程是缓慢的，而且之前被植物固存的二氧化碳会随着植物的腐朽，再一次被释放到自然界的循环中去。

燃烧：将一个已完全吹起但吹气口还未打结的气球放开，气球会"嗡"的一声瘪掉。以这样的方式，可以向参与者展示，植物在燃烧的时候，内部封存着的二氧化碳就会像这样突然释放出来。向参与者解释，气球的快速放气，更确切地说，植物的燃烧，并不会对自然界中二氧化碳的平衡造成负面影响。是以植物自然腐朽的方式，还是通过植物燃烧的方式来释放二氧化碳，就其结果而言并没有什么区别。

【知识拓展】

如果植物被收获，并被堆放成一堆（以被捆绑在一起的气球代表），二氧化碳将保持固存的状态，并因此（在某一个时间段内）脱离于自然界的循环。

当植物被加工利用时，二氧化碳将会继续保持固存的状态。植物固存的二氧化碳只有在植物腐朽或植物燃烧的过程中才会被再次释放出来。

活 动 三　　湿 地 与 人 类

【活动流程】

将参与者分成 5—6 个小组。

请每个小组讨论总结湿地与我们生活的关系,湿地能提供给我们什么,并逐条写在纸条上。

大约 15 分钟后,再度集合所有参与者,请每个小组派一个代表,做总结发言。

然后,组织者总结全部小组的发言,逐条列出大家提出的湿地的贡献,如果有遗漏的话,做相应的补充。

其后再请每个小组讨论,我们能为保护湿地做些什么,同样逐条写在纸条上。

15 分钟后,再请每个小组派一个代表做总结发言。

【知识拓展】

我国湿地资源开发利用主要包括以下方式:

①围垦沼泽、海涂、河湖滩地,扩大耕地面积,发展种植业生产。

②开辟沼泽、滩涂湖滨牧场,充分利用天然草被发展畜牧生产。

③充分利用湿地水面,发展鱼、虾、蟹、贝、水禽等水产养殖业。

④利用沼泽和滩地种植林木和果树,提供工业用材、民间薪柴和干鲜果品。

⑤利用湿地天生或人工种植的水生或湿生长纤维草本植物,发展造纸工业。

⑥开采沼地泥炭资源,提供燃料及建筑、化工原料和农用有机质。

⑦开辟海涂盐场,发展制盐工业,为民用和化工工业提供原盐。

⑧开辟湿地旅游观光景点,建立湿地自然保护区,在保护自然生境的前提下,为人们提供度假场所。

对于湿地，既要将其保护起来，又要合理地利用。公众参与湿地保护，对于促进我国湿地的保护与湿地的健康发展有非常重要的意义。人们参与湿地保护的形式也是多种多样的，如保护野生水鸟和鱼类，不将生活中的污水排放到湿地中，学习湿地知识，传承湿地民俗文化，等等，但是如何将保护与开发合理地结合到一起，是一个值得思考的问题。

活动四　湿地净化游戏

【活动流程】

请2个参与者扮演湿地，其余参与者扮演污染物（如铜、镉、锌、氮、磷、钾等）。

选择一块约10米×20米的场地，画出边界线。所有"污染物"站在场地的一边，"湿地"站在场地的中间。

随着开始的口令，"污染物"需要穿过场地到达另一边。在"污染物"穿越的过程中，"湿地"尽量去碰触"污染物"。"污染物"一旦被"湿地"碰到，即遭"净化"出局。没有被碰到的"污染物"跑到场地的另一边，即暂时安全。

然后根据口令开始第二次穿越，以及第三次、第四次……，一直到所有的"污染物"被"净化"为止。

召集所有人员回到场地边重新开始。这轮把"湿地"的人数减少到1个，开始第二轮游戏。

比较两轮游戏所花的时间。讨论"2人的湿地"（代表大面积的湿地）和"1人的湿地"（代表小面积的湿地）"净化"能力的差异。

【提示】

扮演污染物的参与者，在穿越湿地时，只能限定在场地两边的线以内，跑到线外也算被"净化"。

如果参与者人数较多，可以分成2个乃至多个小组分别开展游戏。

第七节　大型团体活动

活动示例　湿地一日探险

【材料】

1. 植物主题

松树,杉树,香樟的树枝,地衣,枯树叶,眼罩,标准 A6 索引卡片,纸(根据参与人数准备),钢笔或铅笔。

2. 动物踪迹主题

明信片,绳子,坚果(花生或榛子果实,每人 15 颗),动物足迹,分类和识别书籍。

3. 湿地土壤主题

4 个筛子(面粉筛,不要太细),昆虫捕捉器,白色床单,小毛刷,4 个双筒望远镜,至少 4 个带盖子的玻璃容器,放大镜,有关植物和动物的分类和识别书籍。

【活动流程】

湿地一日探险,上午 8:30 开始,下午 2:00 结束。

在致欢迎词后,将参与者分成 3 组。分组办法:选择 3 种不同的物品,如枝条、岩石、叶子或者种子,让参与者背着手通过触摸来辨别物品,将摸到同类物品的参与者分成一组。让每个小组的人数相同。

8:30—11:00,各小组参与一个不同的主题活动。不同的小组各自侧重于湿地生态系统中的一个部分——植物、湿地土壤或者动物踪迹。

然后 3 个小组共进午餐(1 个小时)。

12:00—14:00,各小组根据他们在上午活动中所经历的和学到的内容准备一个专题展示,随后,小组之间互相进行展示。孩子们可自由决定展示形式,可以是小品、故事、诗歌或者是其他各种方式。经过 60 分钟的准备后,每个小组有 10—15 分钟的时间进行展示。最后由组织者总结各小组的要点。

最终,探险日以湿地土壤"水土流失实验"结束,在 2 名志愿者助手的帮助下,由 1 名组织者来引导完成,目的是在一个有植被的斜坡,用浇灌水的方法,演示湿地在涵养水源和防止水土流失方面所发挥的保护作用。与在无植被覆盖的、毫无植物根系的地方直接浇水试验进行比较,直接浇水会出现洪水泛滥的现象。参与者可以分析情形,得出自己的结论。将来更好地保护湿地这一生命空间。

(一)上午活动计划

1. 以"植物"为主题的活动小组

首先进行湿地植物的感知。组织者可以将参与者眼睛蒙上,让他们通过摸、闻和品尝等方式来识别不同植物(提前确认无毒)。结束感知后,参与者摘掉眼罩进入湿地,设法找到他们曾经触摸到的、闻到的或者品尝到的植物。随后,可让参与者说出所见到的植物的用途,如用材、观赏、药用等等;并提醒参与者在行走感知中,利用不同的透视角度观赏湿地景色。

该环节结束,参与者相互交流他们对于湿地植物及其他方面的印象。此时,组织者可以介绍常见的湿地植物类型。参与者根据介绍,模仿这类植物类型(如沉水植物、挺水植物、浮叶植物和漂浮植物)的主要特征,通过"你演我猜"的方式激发整体参与热情。

随后,组织者带入下一个主题"湿地声音地图"(见本书第 031 页)。

通常该游戏可以让小组成员安静下来，提高他们的注意力，这对于继续下一步的活动十分必要。

下一步的活动是"调查湿地的植物资源情况"（见本书第051页），鼓励参与者利用植被覆盖图描述这一湿地的植物资源情况。此时，组织者可以引导讨论湿地植物与人类密不可分的关系。在随后的讨论中，可让参与者试着用自己的语言来解释植物的光合作用。

至此，该小组上午的活动安排结束。

2. 以"动物踪迹"为主题的活动小组

参与者坐在草地上，组织者先做自我介绍，并讨论上午的活动计划。为了创造一个舒适的环境，组织者可以请每个参与者进行简要的自我介绍。

当参与者听到他们小组的主题是关于"动物踪迹"时，几乎首先都会提到爪印。进而在引导下总结出其他类型的踪迹，诸如树木上的啃咬痕迹、粪便、动物的一部分（例如羽毛、触角、骨骼）、巢穴（如窝、洞或者地洞）等。随后小组在规定区域内（提前确认环境安全）采集各种小踪迹，并返回指定地点讨论它们的来源。

在采集活动开始前，组织者可以组织开展湿地小游戏"老鹰和喜鹊"。参与者分成2个人数相等的小组站成2排，一组为"老鹰"，另一组为"喜鹊"。其身后6米处分别为各自的"鸟巢"，2个"鸟巢"之间画出一条中心线。组织者尝试提出一个问题，可能是正确的，也可能是错误的。如果是正确的，那么"老鹰"尝试去抓"喜鹊"；如果是错误的，那么"喜鹊"尝试去抓"老鹰"。谁先到达自己的"鸟巢"，谁就安全了。被抓的那只"鸟"自动变成另外一只"鸟"。这个活动能促进团队集中精力，是出发寻找踪迹前的一个好方式。

结束环节，可根据采集到的动物踪迹，分析人类对生态系统干扰的结果以及与一些物种灭绝的关系。

至此，该小组上午的活动安排结束。

3. 以"湿地土壤"为主题的活动小组

组织者以"湿地土壤赤脚感知"开始上午的活动。在该活动中，参与者必须脱去鞋子，蒙上眼睛在湿地中行走，以便感受和体验湿地土壤。结束后，请小组成员集合在一起交流感受。当有人提到在土壤中发现的动物时，直接过渡到下一个环节"简易的土壤动物调查"（见本书第 044 页）。

其间，组织者可以提问土壤里存在哪种动物或生物。通常，参与者不仅会提到动物，也会提到那些选择土壤作为它们生活空间的细菌和真菌。鼓励参与者采集一捧湿地土壤，"闻一闻土壤并观察其中存在的生命"。

"简易的土壤动物调查"结束后，进行轻松愉悦的"跳蚤→小鸟→蜘蛛"游戏（见本书第 057 页）。

短暂放松后，继续进行活动——湿地土壤"落叶的分解"（见本书第 045 页）。参与者四处采集土壤中处于不同分解阶段的落叶，进行观察和排序。组织者解释叶子的分解循环：形成腐殖质，成为植物的养分，形成新叶。

在结束"落叶的分解"这一活动之前，应该适时地讨论垃圾问题。我们在湿地里发现了哪些不属于湿地的东西？当对这一问题进行探讨时，参与者会了解到小动物和微生物不能分解食品罐、瓶子、润滑油等物品，而它们的生命会因这些物品受到威胁。借此，引导参与者思索"我们能做什么"，暗示避免产生垃圾的可能性和可利用再循环的重要性。

至此，该小组上午的活动安排结束。

（二）下午活动安排

午餐和歇息后，再次以小组形式开展活动。

1. 材料准备
建议准备材料箱，箱子里的内容如表 2-5 所示。

2. 展示准备
根据各小组组员的主意和提议，各小组根据上午的活动经历准备一个展示，让所有的参与者见证其他小组上午所参与的活动。

展示不仅为参与者提供了开发创造力的时间，而且是小组内部实践合作的好机会。

表 2-5　材料箱

材料箱类型	箱内物品
颜料和工艺箱	水彩及刷子、彩色蜡笔、细的和粗的标记彩笔
	彩色铅笔
	不同颜色的纸张
	胶水和胶带
	剪刀
	铅笔刀
	橡皮擦
	张贴纸
	大卷报纸
	用于粘贴叶子的板
化装箱 （用于化装的材料）	帽子，多种长度的织物、面罩
	旧衣物和服装
	化妆品
	其他物品，如眼睛、鼻子、头发、胡子、乐器和噪音器等

3. 展示指导

　　要做一个好的展示，组织者应该关注参与者的想法和提议，不要将自己的观点强加于参与者，组织者的作用就是调动各小组的积极性，鼓励每个参与者为展示提出自己独特的想法。

　　通常，小组需要时间来创建某个想法，由此引发对上午活动的思考。一名小组成员应该记下组内所有的想法和提议，供大家讨论它们的可行性。尽管有时并不能完成所有的想法，但结合它们的可能性仍然存在。例如：一些参与者想写一个故事，而其他的参与者想表演一个小品，为了解决矛盾，他们小组可以表演故事。

　　一旦将展示方式确定下来，参与者就开始准备。材料箱里的物品就派上用场啦。带着浓厚的兴趣和精力，他们可能作押韵小诗，练习表演，或者绘画。通常，最害羞的参与者也会对绘画、手工艺制作和化装充满兴趣，参与到准备中。

在这一阶段，组织者必须多留心，以免展示失去重点主题。该重点主题就是上午所经历的活动内容。

4. 展示汇报

以下是几个展示汇报的实例。

（1）以"植物"为主题的活动小组：

● 用图画展示湿地中的 4 个不同的湿地植物类型。

● 针对上午有关主题的不同任务和问题设置一种骰子游戏。

● 参与者创编并表演一个故事，例如，"湿地中垃圾的问题""植物在自然界的生长和分解"。

（2）以"动物踪迹"为主题的活动小组：

● 通过表演的方式展示湿地里的食物网。参与者装扮成不同的动物，演示它们之间是如何相互依赖的。

● 参与者模仿一些动物的声音和典型的行为，观众试着猜这些动物。

● 参与者举办绘画展，画中展示他们在上午的徒步旅行中所看到的动物痕迹。

（3）以"湿地土壤"为主题的活动小组：

● 通过猜谜游戏介绍不同的土壤动物。

● 通过把不同分解阶段的树叶粘贴在卡片上展示营养成分的循环。

● 创编故事：土壤动物的生活及其对植物生长的意义。在它们尽情享受来源于湿地的天然美味时，湿地中的塑料垃圾使它们吃尽苦头。

第三章 实践案例

案例一 "湿地植物探索之旅"活动
——中国湿地博物馆

一、设计思路

"湿地植物探索之旅"以中国湿地博物馆的展项资源为依托,以游园会的活动形式为载体,尽可能多地调动视觉、听觉、嗅觉、触觉等感官配合,共同促进知识的理解和记忆。青少年在学习湿地植物知识、体验自然科学现象的同时,还将与团队一起克服困难、解决问题,使其表达能力、组织协调与合作能力得到一定程度的锻炼与提高。

二、实施步骤

如图3-1所示,"湿地植物探索之旅"活动包括"植物快照""你画我猜""蒙眼触摸""味觉挑战""植物九宫格""DIY生态瓶"6项任务,分布在中国湿地博物馆展厅的各个角落,分别与河流湿地、高山沼泽湿地、湖泊湿地、人工湿地、森林沼泽湿地、滨海湿地有关。

博物馆工作人员专门设计制作了活动说明卡,以小组为单位,发放给参与者。其中,前5项任务没有特定顺序,每完成一项可获得印章1枚,集齐5枚印章才能领取第六项任务,最先完成6项任务的小组获得最终胜利。

为协助参与者闯关,每个任务点都有工作人员进行秩序维护与引导。

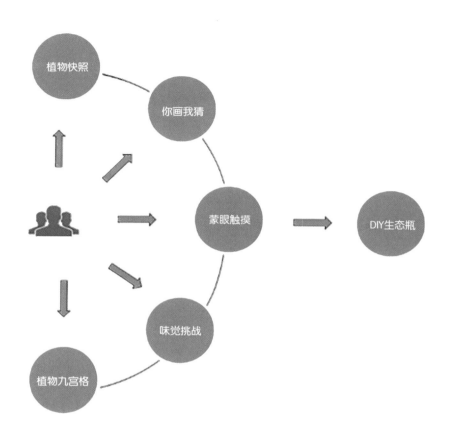

图 3-1 "湿地植物探索之旅"活动流程

1. 植物快照

参与者从工作人员手中随机抽取 3 张写有湿地植物的卡片,以最快的速度在河流湿地场景中找到对应植物,并与其拍摄一张合影。

该任务将书面化的植物认知落实到具体情境中,有利于知识的构建。

2. 你画我猜

在高山沼泽湿地场景中,每个小组派 1 名代表在工作人员的帮助下画出芦苇、水稻、荷花等湿地植物,小组其他成员则需猜出所画的是哪种植物。

小组代表通过"绘画"这一方式来展现其对湿地植物特征的理解,而其他组员则通过"赏画"这一方式提取有效信息，形成他们的认知。

3. 蒙眼触摸

在湖泊湿地场景中，参与者需蒙上双眼，触摸藕、荸荠、鸡头米、香蒲、莲蓬等湿地物产，猜对3种即可通关。

作为一种"非直观"的学习方式，"蒙眼触摸"可以最大限度地提高参与者对湿地植物的感知力。

4. 味觉挑战

在人工湿地场景中，工作人员事先准备好若干份凉拌鱼腥草，参与者任意挑选一份，加入糖、盐、醋或芥末酱等调料，实现"光盘"即可通关。

这个看似简单的任务设计，现场反应却异常热烈。大部分参与者都在小组成员的鼓励声中完成了任务，不仅体会到挑战的乐趣，还培养了克服困难的信心。

5. 植物九宫格

参与者找出隐藏在森林沼泽湿地场景中的9个二维码，分别用手机扫描后获得9张植物特征图片，将这9张图片按顺序排列后猜出是何种植物，最后配上文字在微信朋友圈发布答案，经工作人员确认即可通关。

6.DIY 生态瓶

在滨海湿地场景中设置手工坊，参与者在工作人员的指导下进行海藻球生态瓶的制作，完成的生态瓶（图3-2）可带回家进行生长观察与记录。

图 3-2　制作完成的海藻球生态瓶

三、活动总结

这5组趣味游戏与1项手工制作，共同构成了"湿地植物探索之旅"活动，同时也开启了一种更为灵活的学习模式。

通过一系列循序渐进的任务和挑战，参与者在玩乐过程中不知不觉地学到了知识。此时，游戏的天然优势让学习过程变得自然而有趣：调用多种感官的及时反馈；动态多变的情境和挑战避免了枯燥乏味；与参与者学习曲线动态匹配的挑战难度，使参与者不会因为难度过高而受挫，也不会因为过于简单而失去兴趣。

案例二 "认识西湖的水"活动
——杭州市天长小学

一、活动构想

一方水土养育一方人，杭州人深爱着滋养了他们世世代代的西湖。为了让西湖的水更清、更净，历代杭州人为此付出了许多的努力和汗水。作为杭州的小公民，理应了解前人曾为建设西湖所做的努力和西湖水的现状。

引领学生了解3个活动主题：①西湖水从哪里来；②西湖水是怎样变淡的；③西湖的水质。在活动中增强热爱西湖、保护西湖的意识，为西湖的环保实实在在地做一点事，出一份力。

二、活动目标

在活动中了解西湖由海湾到潟湖再到淡水湖的形成原因；了解西湖过去的出水口、入水口和今天的有什么不同；了解影响西湖水质的入水口主要有哪几个，这些入水口的环境状况如何；知道影响水质的因素有水的颜色、透明度、气味、微生物等知识。

学会根据活动主题，通过独立设计、小组讨论等方式设计活动方案，并通过交流、修改达到方案的优化。

在活动中学会根据要求和预定方案采取以下手段——收集处理信息、

实地观测、实验对比、调查访问、样本抽测等了解西湖水的基本情况。通过调查、访谈，学会礼貌地与人交流和沟通，掌握一定的调查访问技巧。

通过考察西湖水源、水质，采访他人等实践活动，了解西湖水的各种资料，并感受历代人民为保护西湖所做出的努力，以及人类在改造、调节自然中所做出的贡献。同时，在各种探究性实践活动中，培养学生严谨的科学态度和实事求是的研究作风。

三、活动方案

（一）活动内容 1：西湖的水从哪里来

1. 活动准备

（1）学生：按照兴趣爱好自由组合成学习小组，10 个学生为一小组；每个小组分别准备 1 台照相机、1 支录音笔，并由专人负责保管和使用；每个学生准备好笔记本、装水的瓶子、标签、绳子等物品。

（2）教师：每个小组安排 1 位指导老师；事先对西湖的几个入水口、出水口进行调查了解，以便在学生需要帮助时给予指导；联系西湖水域管理处工作人员，做好采访的前期准备工作。

2. 活动过程

（1）学生自主设计活动方案。

①明确本次活动主题：探究西湖水从哪里来，如何更新。

②明确本次活动必须解决的问题：了解西湖过去的入水口和今天的入水口有什么不同；实地考察西湖入水口、出水口，采集每个水口的水样，进行水质比较；论证哪几个入水口的水质、水量对西湖水的影响较大。

③小组讨论活动方案。

④小组撰写活动方案。

⑤师生一起交流设计的活动方案。

⑥根据老师的建议，对自己小组设计的方案进行修改、完善。

学生自主设计活动方案过程中要注意：

A. 每个小组成员都要积极参与小组讨论，在资料卡上记录对小组活动方案的建议，在经验卡上记录参与讨论的感受，在财富卡上记录被小组采纳的建议数量。

B. 各小组各有一份最初、最终活动方案设计。

C. 活动大约在一周内完成。

D. 根据学生在小组合作中的表现，由组员和教师共同评价，在财富卡上进行打分和评价。

（2）实施活动方案。

①比较西湖过去的入水口和今天的入水口。

A. 小组成员合作利用网络、图书馆，收集有关西湖出水口、入水口的资料。

B. 在小组里交流个人收集到的资料，在老师的指导下进行信息的处理。

C. 对西湖边的游客进行调查访问。要求：a. 师生共同讨论制订采访西湖边游客的调查表（表3-1）。b. 在小组长的协调下进行分工，每两人一组。c. 教师对学生进行安全、礼貌和采访技巧的教育。d. 利用一节课的时间对西湖的游客进行调查访问。e. 将调查过程中的感悟记录在经验卡上，教师根据学生在调查过程中的表现和成果，在财富卡上进行评价。调查问卷和结果作为资料卡积累。

表3-1　调查访问表

被访者		年龄		性别		职业	
你知道西湖是怎么来的吗？							
你知道最早的西湖水是咸的还是淡的？							
你知道西湖水是从哪里来的吗？							
你知道西湖水的出水口在哪里吗？							
你知道西湖的水为什么能保持现有的纯净度吗？							
你知道西湖经过哪几次大的疏浚工程吗？							
调查者				调查时间			

D. 交流汇总调查结果和感受。

E. 采访西湖水域管理处工作人员,了解西湖的出水口、进水口过去与今天有什么不同,并了解西湖的水原来和现在的更新方法、周期,以及这样的改变有什么作用。要求:a. 学生及时将采访过程中的收获记录在资料卡上。b. 教师及时捕捉采访过程中的精彩片段,进行拍摄。c. 学生将采访过程中的感悟记录在经验卡上,教师根据学生在采访过程中的表现和成果,在财富卡上进行评价。d. 采访结束后小组内进行归纳和整理。

②实地考察西湖入水口、出水口。

A. 每个小组进行实地考察,寻找西湖的入水口和出水口。

B. 采集每个水口的水样,制作成标本,进行水质比较。

C. 观察每个水口的水量,对所有水口的水量进行分级。

D. 对附近的居民和工作人员进行访谈,了解水口水势大小和进、出水规律。

E. 了解每个水口与哪条河相连。(记主要的水口,小的不记)

③分工合作绘制一份西湖出、入水口地形图。

A. 小组召开分析论证会议,讨论哪几个入水口的水质、水量对西湖水的影响较大。

B. 每人撰写一份关于西湖水源的调查报告。

实施活动方案中要注意:

A. 拍摄每一个出、入水口的环境照片。

B. 将采集到的水样进行整理和比较分析。

C. 考察结束后每个小组要整理出考察记录表(表3-2)。

表3-2　考察记录表

小组名称		小组成员	
考察日期		考察地点	
观察到的情况			
拍摄的照片			
访谈记录			
考察体验			

3. 活动评价

（1）将每个学生在这个阶段中积累的资料卡、行动卡、经验卡、财富卡进行展示和评比。

（2）结合小组成员、指导教师、家长、相关活动人员的评价，评选最佳合作小组、最佳调查小组和个人、最佳研究小组和个人、最佳进步小组和个人。

（3）进行活动小结和表彰。

（二）活动内容 2：西湖的水是怎样变淡的

1. 活动准备

（1）学生：以10个学生为一小组分组；准备水样瓶(5个)、标签、照相机、笔记本。

（2）教师：每个小组安排1位指导老师；准备好资料卡、经验卡、财富卡、行动卡；网上查找有关杭州西湖的资料，并保存网址；准备竺可桢的《杭州西湖的生成原因》；联系专家为学生做有关西湖水变化的讲座。

2. 活动过程

（1）设计活动方案

①明确本次活动主题：探究西湖水是怎么变淡的。

②小组讨论并撰写活动方案。

③小组间交流比较各自的活动方案。

④修改并完善自己的活动方案。

（2）实施活动方案

①分小组实地采集西湖水样。

要求：第一，每个小组收集西湖5个不同水域的水样本，在每个水样瓶上标上标签。第二，将本次活动的过程记录在行动卡及经验卡上。

②实验得出西湖水的咸淡。

要求：第一，按小组对实地采集的水样在实验室进行分析研究。第二，记录研究结果（见表3-3），进行分析。第三，将本次活动的过程记录在行动卡上。

表 3-3 西湖水样分析表

水样来源	
实验方法	
观察情况	
实验结论	

③了解西湖水由咸变淡的原因。

A. 小组分工，通过上网、查找书面资料等方式了解西湖的形成原因，从海湾到潟湖再到西湖的演变过程，当时西湖水的咸淡情况和水质的变化过程。

B. 小组交流收集的资料，并在对资料进行分析后分类整理。

C. 请专家为学生做有关西湖水由咸变淡的讲座，将自己在讲座中的收获记录在资料卡上。

D. 在班里开一个研究会，对西湖水由咸到淡进行分析研究，得出结论。

E. 将西湖和余杭的南下湖、萧山的临浦、绍兴的鉴湖、宁波的广德湖这些同样由天然水洼经过人工围堤塘而形成的人工湖泊进行比较，分析为什么这些湖泊在一段或长或短的时间里先后淹废，而西湖则能成为人间明珠。

F. 讨论分析上述沼泽湖的淹废和西湖的保持各有什么优势。

④展示活动成果。

A. 一份活动小结（表 3-4）。

表 3-4 活动小结表

活动小组		小组成员	
活动特色			
活动进步			
活动收获			
改进措施			

活动小结表填写要求：比较不同活动阶段的表现，将取得的进步填入

"活动进步"一栏里。把活动中获得的新知识填在"活动收获"一栏里。对活动中出现的合作、策略、交流等问题,进行总结,提出改进措施,填在"改进措施"一栏里。

B. 一份对西湖水的研究报告。

C. 一袋研究档案。

展示活动成果中要注意:

第一,以小组为单位,利用多种媒体介绍小组研究的材料、小论文或报告。

第二,汇总每个小组的研究成果,向全校展示。

3. 活动评价

(1)每个学生拿出这一阶段中积累的资料卡、行动卡、经验卡、财富卡进行展示和评比。

(2)结合小组成员、指导教师、家长、相关活动人员的评价,评选最佳合作小组、最佳调查小组和个人、最佳研究小组和个人、最佳进步小组和个人。

(3)进行活动小结和表彰。

(三)活动内容3:西湖的水质好吗

1. 活动准备

(1)学生:准备笔记本、录音机、小桶、网兜、瓶子、绳子、标签、笔、记录本。

(2)教师:邀请几位上了年纪的"老杭州";准备资料卡、行动卡、经验卡和财富卡;准备小船、照相机、显微镜、pH试纸、过滤器、蒸发器。

2. 活动过程

(1)举行活动启动仪式,宣布活动要求。

(2)通过网络、书籍和长辈访谈等途径,了解、收集有关西湖过去的水质情况。

要求:①收集并在教师指导下整理相关资料;②根据学生资料的收集

整理情况,在资料卡和行动卡上记分(以小组评价为主)。

(3)利用假日小队活动对西湖进行实地考察,了解今天西湖的水质情况。

要求:①小组内分工合作:采集、记录、保管。②采集水样,并对所见到的情况及取样过程进行照相、记录。③注意人身安全。④根据学生在实地考察过程中的表现和成果,在行动卡、经验卡和财富卡上记分(以小组评价为主)。

(4)在实验室对采集到的西湖水样进行分析。

要求:①对水样的颜色、气味、透明度、pH值等指标做出评价。②根据学生在分析水样过程中的表现,在资料卡、行动卡、经验卡、财富卡上记分(以小组评价为主)。

(5)制作并展示活动影集。

要求:①小组合作制作展板或布置展台。②小组内分工合作:接待、服务、介绍。③根据学生在活动过程中的表现,在行动卡、经验卡、财富卡上记分(以小组评价为主)。

3. 活动评价

(1)根据学生在记分卡上的得分,评出"最佳资料收集员""最佳水样分析员""最佳合作小组""最佳创意奖"等奖项。

(2)在学生自评的基础上,根据活动内容请同学、家长、老师和校外相关人员进行相应的评价。

案例三 "可怕的白色污染"活动

——武汉市江汉区清芬路小学

一、活动目的

A.让学生学会灵活地运用所学的数学知识来解决实际问题。

B.让学生学会利用电脑进行简单的统计,并运用电脑来进行计算。

C.学习利用网络进行小组讨论、合作学习,初步掌握在网络上收集资料的方法,培养学生的相关能力与兴趣。

D.通过学习,让学生知道什么是白色污染、白色污染的危害、减少白色污染的方法,树立学生的环保意识。

二、活动过程

第一阶段:如表 3-5 所示。

表 3-5　第一阶段

环节	内容	教学双边活动	设计意图
导入	什么是"白色污染"	提问:你坐过火车吗?看到过别人在火车上吃饭吗?用的是什么餐具?这些餐具是如何处理的呢? 学生谈:什么是"白色污染"? 观看视频:在短片里,有哪些东西我们丢弃后会造成"白色污染"?	揭示课题

第二阶段：如表 3-6 所示。

表 3-6 第二阶段

环节	内容	教学双边活动	设计意图
调查统计	局域网调查：你家一天要用多少个塑料袋	引发提问：在生活中，很多东西丢弃后会形成"白色污染"，我们身边最常见的是什么呢？ 局域网调查：你家一天要用多少个塑料袋？ 查看调查结果（要查看较新结果，需要刷新）	引发新内容
		统计结果：全班一共有多少人投了票？全班同学家里一天要用多少个塑料袋？	呈现统计图
		根据统计结果计算：平均每个家庭一天要用多少个塑料袋？	求平均数

第三阶段：如表 3-7 所示。

表 3-7 第三阶段

环节	内容	教学双边活动	设计意图
数学运用	任务驱动	根据调查结果算数据：调查你们学校一共有（ ）名学生。如果按刚才调查结果的数据计算，每天要用（ ）个塑料袋。一星期要用（ ）个塑料袋。一年呢？	集体订正
		选择性任务： 【任务一】如果一个塑料袋的面积大约是 4 平方分米，请你计算一下如果把你们学校学生的家庭每年用的塑料袋铺开，占地（ ）平方米。	运用单位面积
		【任务二】如果一个塑料袋的重量大约是 10 克，请你计算一下如果把你们学校学生的家庭每年用的塑料袋集中在一起，重量为（ ）克。	运用重量单位
		【任务三】如果把一个塑料袋编成一根长 25 厘米的绳子，请你计算一下如果把你们学校学生的家庭每年用的塑料袋连成一根绳，长度为（ ）米。	

注：

每个任务后面都有一个特殊任务，具体如下：

【任务一】你计算的学校、家庭每年用的塑料袋铺开的占地面积，相当于我们现实生活中什么地方的面积？

　　A. 外滩公园，从武汉关到蔡锷路，总面积 16 万平方米。

　　B. 洪山广场，是武汉最大的广场，总面积 10 万平方米。

　　C. 首义广场，总面积 54200 平方米。

　　D. 佳丽广场，门前大型广场，面积近 5000 平方米。

　　E. 学校操场，面积约为 1000 平方米。

　　F. 教室，面积约为 50 平方米。

【任务二】你计算的学校、家庭每年用的塑料袋的总重量，相当于我们现实生活中的什么东西的重量？

　　A. 火车一节车厢，重量约为 40000 千克。

　　B. 一辆小货车，载重量为 5000 千克。

　　C. 一个三年级的小朋友，重量约 30 千克。

　　D. 一辆自行车，重量为 25 千克。

　　E. 14 英寸的电视机，重量为 10 千克。

　　F. 一个鸡蛋，重量约 50 克。

【任务三】你计算的学校、家庭每年用的塑料袋连成一根绳的长度，相当于我们现实生活中的什么东西的长度？

　　A. 地球与太阳的距离，150000000 千米。

　　B. 武汉到昆明的距离，约为 300 千米。

　　C. 武汉长江二桥的长度，该桥于 1991 年开始兴建，1996 年 6 月通车，全长 4408 米。

　　D. 中国最长的步行街——江汉路步行街，长度为 1210 米。

　　E. 学校的跑道，长为 60 米。

　　F. 火车一节车厢的长度，约为 10 米。

第四阶段：如表 3-8 所示。

表 3-8 第四阶段

环节	内容	教学双边活动	设计意图
信息整理	运用网络来寻找解决问题的办法	教师：经过我们的计算，看到我们学校一年用的塑料袋数量就是一个可怕的数字。 教师提问：我们每年产生这么多的"白色污染"，难道就没有减少它的办法吗？ 回答方式：学生谈谈自己的看法。 在互联网上找到一些更科学的方法，跟大家讲一讲，或者发布到校园网的论坛上。 教师整理总结。	了解环保的有关知识

第五阶段：如表 3-9 所示。

表 3-9 第五阶段

环节	内容	教学双边活动	设计意图
总结	将学习的内容转化为实际行动	谈一谈：要想减少"白色污染"今后自己会怎样做？	培养环保意识

案例四　模拟环保诉讼
——浙江省淳安中学

一、活动目标

着眼环保知识、环境意识、环境道德、法治技能，以知识的自主学习和能力的自动修炼为核心，通过课程的学习，培养学生爱护环境、热爱家乡、关注社会发展的情感态度与价值观，学习环保诉讼技能。以小组合作学习、网络学习、讨论学习、模拟课堂、外出实践、编写课程等方式开展环境综合实践。指导学生自主进行分组，自主组织和参与案例选择、诉讼程序学习、规范起诉书、角色扮演、成果互评、小结与展示等环节。

二、课时安排

适用于高中环保协会或选修课程，融合探究性学习与综合实践，3课时。

第一课时：分组，明确小组诉讼案例。

第二课时：主题实践，收集诉讼资料。

第三课时：模拟诉讼体验活动。

三、活动步骤

（一）前期准备（第一、二课时）

第一、二课时进行的前期准备工作，见表 3-10。

表 3-10 前期准备工作

阶段	活动明细	备注
第一课时	上网活动：寻找乡土的热点环保问题。小组评估，确定小组模拟诉讼案件	能拿起法律武器的，受害者没有能力起诉的案例
	文献检索：找寻可供参考的诉讼案例	可行、可操作的案例
	法庭观摩：明晰民事诉讼的过程要点	有模有样合规则的形式
	分组讨论：制订活动方案，明确存在困难	完备而又有些冗余的方案
第二课时	收集信息：上网、问卷调查、访谈、询问等	获取足够的事件信息
	专家访谈：访谈法律和环保专家，获得专业指导。明确困难，设计突破方案	专业指导提升质量
	模拟角色：分 A、B 组，分别扮演控辩双方	分组和专家及当事人对接，明确要点、诉求
	现场调查：实地调查	走访当事人
	实验实践：进行科学实验和科学评估	联系环保局
	检测活动：实行环保监测和检验	

1. 活动准备

完成一次千岛湖环境污染情况的调查、一次环保局专家访谈、一次民事诉讼的现场观摩，进行网上文献检索，成立法官团。

2. 课堂条件

具有网络（有 Wi-Fi），QQ（请律师及环保专家担任后援团、专家团），邮箱（作为资料材料的储存点），课件、视频、图片等多媒体。

成立同伴互助小组、实践小组、诉讼指导小组等实践组。

3. 重难点

（1）重点：

以学生自主探究能力的提升为目标，着眼于学生环境意识的唤醒。

以学生环境行为实践体验为目标，着眼于学生环保技能的研修。

以学生合作协调能力为目标，着眼于环境法律诉讼的组织，即能力、体验、程序。

（2）难点：

组织有效的诉讼，获得实践体验。

4. 难点突破

基于起点和课程目标分解的三维突破设计，见表3-11。

表 3-11　三维突破

	起点	目标	教法
知识与能力	高中学生已具备一定的环境保护知识，具备网络和文献自主检索能力，活动组织综合实践能力	自主梳理环境保护知识。自主组织课程	网络检索、同伴互助、分组讨论等
过程与方法	初步掌握案例→分析→反思→设计→实践→反思的流程方法。环境诉讼的流程与方法从未涉及	以一般认知规律为出发点，参照民事诉讼流程设计环境诉讼模拟法庭	模拟角色扮演，小组讨论评价
情感态度和价值观	对环境事件有一些认识，但解决方法不够。对家乡的环境保护意识不够具体	具体调查家乡的环境问题，尝试以法律武器保护环境	调查、访问、视频制作、研究性学习

（二）活动过程（第三课时）

第三课时的活动过程，见表3-12。

表 3-12　活动过程

阶段		活动过程
明确课堂任务	内容	主题：模拟环境诉讼
	教师活动	组织课堂
	学生活动	主导课堂
	备注	
	大致时间	
梳理前期资料	内容	资料一：调查千岛湖水环境污染事件，明确诉讼案例。 资料二：数据整理，明确相应案例的环境指标和治理方法，为诉讼提供解决方案的建议。 资料三：诉讼观摩整理。就角色、流程、法律依据等做整理。 资料四：专家建议整理。
	教师活动	提示：请同学们自主学习（视频在学校资源共享平台）。巡视教室，为个别学生提供学习帮助。
	学生活动	自主选择学习环保知识、民事诉讼流程等。
	备注	小组合作学习（前置的自主学习）
	大致时间	5 分钟
小组合作学习	内容	明确诉讼案例、角色扮演分工和流程梳理，获取法律依据。 活动一：明确诉讼案例。筛选小组调查成果，选定符合要求的诉讼。 活动二：角色扮演预演，流程梳理。梳理本组案例的审理流程。按照民事诉讼流程简单预演。 活动三：应变准备。准备证据、辩词、法庭连接词等，做好应变准备。
	教师活动	提示：小组长组织同学讨论主要事项、流程，证供，请同学们根据小组的任务分工，通过 QQ 群向家长和在线的法援、环保专家征求意见。在小组内进行一次预演。
	学生活动	明确困难，理清需要，获得帮助。
	备注	提供开放的 Wi-Fi、QQ 群，预先联系家长和专家及当事人。
	大致时间	15 分钟

阶段		活动过程
组间成果展示交流	内容	模拟环境诉讼、活动评估、专家在线点评 活动一：一个小组模拟环境诉讼展示。 活动二：由小组长和组员代表分别对两组展示情况进行点评。 活动三：由在线专家或老师进行点评。活动四：整理活动材料形成一定成果。视频交流和整理。
	教师活动	提示：下面有请一组的同学分别担任原告和被告进行法庭辩论。请其他小组做好评价发言准备。老师担任组织者，带领法官团（主审法官、助理1人）、陪审员（3人），主持人在前期准备时由老师遴选，邀请法援专家参与、主持审理。
	学生活动	做好原告、被告和后援团角色扮演。后援团及时上网，或和在线专家联系提供支持。
	备注	简化模拟法庭：主持人、法官团、原被告、后援团。
	大致时间	15分钟
小结点评	内容	或对流程，或对环境状况，或对环境整治方法，或对我们力所能及的行动进行阐释。
	教师活动	组织评估，进行点评：突出环境整治的企业责任与方法
	学生活动	整理个人感想。
	备注	完善展示的材料。
	大致时间	5分钟
后续提升活动	内容1	课程化准备
	教师活动	收集过程和结果材料，设计后续活动，提供课程标准。
	学生活动	按要求整理和丰富相关材料。
	备注	整理材料形成课程章节。
	大致时间	
	内容2	资料库建设
	教师活动	整理QQ群、邮箱、文本资料、学校资源共享平台资料库。
	学生活动	
	备注	
	大致时间	
	内容3	成果展示
	教师活动	整理成环保课程章节，在校园网发布活动小结，展示成果
	学生活动	
	备注	
	大致时间	

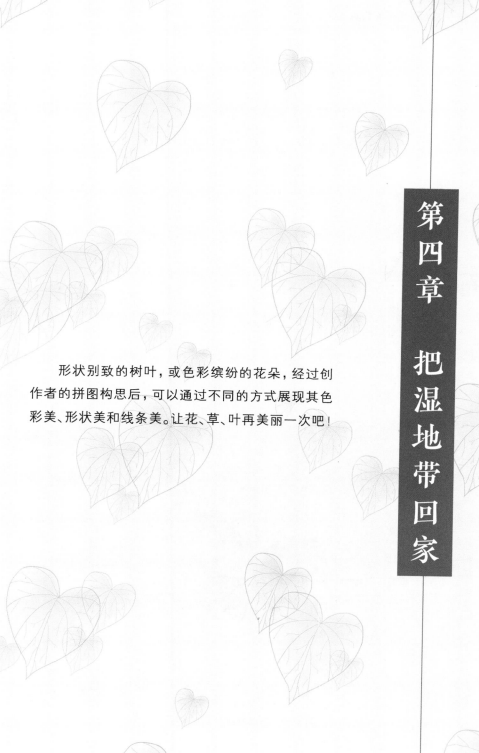

形状别致的树叶，或色彩缤纷的花朵，经过创作者的拼图构思后，可以通过不同的方式展现其色彩美、形状美和线条美。让花、草、叶再美丽一次吧！

第四章　把湿地带回家

第一节　指尖的探索
——树叶艺术品

【材料】

不同形状、颜色的叶子（如有可能，将它们压平），绘画工具，黏合剂，纸。

图 4-1　简易的树叶拼贴画

图 4-2 树叶拓印

【制作步骤】

1. 树叶拼贴画
将压平后的树叶粘贴在纸上，这样就可以制作出非同寻常的拼贴画。

2. 树叶印刷品
在树叶的一面涂上颜色，然后将涂上颜色的那一面向下放到纸上，再用手、滚筒刷或擀面杖在纸上按压，最后将树叶取走。

3. 用透明描图纸复描树叶
将叶脉凸起的一面朝上放在一张纸下面，然后用蜡笔或者彩色笔将树叶描印下来。

第二节　纵横交错的美
——手作叶脉书签

【材料】

　　叶子（一般以常绿木本植物为佳，如桂花叶、石楠叶、木瓜叶、茶树叶、玉兰叶等），氢氧化钠，无水碳酸钠，烧杯，铁架台，酒精灯，毛质柔软的旧牙刷，玻璃板。

图4-3　叶脉书签

【制作步骤】

选择喜欢的叶片，以叶脉粗壮而密的树叶为佳。

将洗净的叶片放入煮沸的氢氧化钠溶液中，等待 5 分钟左右叶子变黑后，捞取其中一片，放入盛有清水的盆中洗净。

将叶片上残留的碱液漂洗干净后取出，平铺在一块玻璃板上，用毛质柔软的旧牙刷轻轻顺着叶脉的方向刷掉叶肉。

将刷净的叶片漂洗后放在玻璃板上晾干。晾到半干半湿状态时涂上所需的各种染料，然后夹在旧书报中，吸干水分后取出。

吸干水分后的叶脉书签可以用塑料压膜密封起来。

一片叶脉清晰、美观实用的叶脉书签便制作完成了。

第三节　复刻最美的时光
——手作叶脉化石

【材料】

塑料袋（保鲜袋），水，牙科用石膏，搅拌棒，调配容器（一次性杯子或自制饮料瓶杯），牙签（或镊子），丙烯颜料，画笔。

【制作步骤】

将水和石膏按约 1 ∶ 4 的比例制作成糊状，倒在塑料袋上，让石膏自然流下，呈现圆弧状。

图 4-4　手作叶脉化石

放上采集的树叶，使其与石膏贴平。

在石膏即将干燥前，用牙签将树叶挑起。

等待石膏完全干燥，即完成拓印。

利用丙烯颜料上色。

图 4-5　制作完成的叶脉化石

第四节　岁岁年年花不同
——手作押花台历

【材料】

空白台历一本，各种干押花，剪刀，胶水，铅笔，橡皮，水彩笔。

如果找不到空白台历，只要把 13 张纸夹在一起，或是摆放在迷你画架上，也可以变成创意台历。

【制作步骤】

1. 压平 + 干燥（关键环节）

将植物素材平整铺于吸水性强、干净平整的纸张上，再在表面铺一层吸水纸，用均匀的重力将它们压至脱水干燥。

2. 定时更换吸水纸

在压制过程中，每天或每两天更换一次吸水纸，能加快干燥进度，让植物又快又好地变成标本。

3. 干燥完成，取出

压制 1—2 周（具体时间视植物水分含量及环境湿度而定）后，当植物基本脱水，"标本化"即宣告完成。这时就可以将标本取出，开始下一步脑洞大开的创作了。

图 4-6 押花台历

图 4-7 押花台历

【小贴士】

1月：用大红色的花朵来感受新年喜气洋洋的氛围。

2月：情意浓浓的2月，趁着情人节期间，用玫瑰花苞装饰整页，添上满满的爱意。

3月：冬天渐渐离去，春天慢慢接近。醒目俏皮的三色堇，是春天最好的提醒。

4月：唯美的绣球花，在春天里盛开，但其生命却是那么短暂。把它做成押花，贴在4月里，让今年春天有个最美好的回忆。

5月：5月的母亲节，用妈妈最爱的康乃馨，或是娇小的红色花瓣。

6月：6月迎来父亲节。爸爸犹如6月初夏的太阳，艳阳高照，朝气大方。利用黄色的花朵点缀整页，天天都是好心情。

7月：7月是荷花盛开的季节。你看荷塘深处的碧波中，凌波仙子们在微风中时隐时现，清香阵阵，沁人心脾。

8月：8月的风已经不再那么轻柔，甚至会因为炎热而引起莫名的烦躁，用绿色的叶子来点缀，看起来不那么沉闷和生硬。

9月：紫红的鸡爪槭叶美得如诗如画，看到它们就知道秋天已经来了。

10月：金秋时节，碧空如洗，凉爽舒适，路边的野花随风摇摆，祝福着秋的收获。

11月：蕾丝花和满天星一样，可以搭配任意花朵，不夺人风采，又可表现出浪漫的温柔特质。

12月：这一年的最后一个月，万物都在沉睡，似乎正在等待着春的召唤，水仙花却迎风招展。

第五节　瓶子里的故事
——苔藓微景观制作

【材料】

镊子，铲子，苔藓，轻石，水苔，混合土（泥炭土），装饰植金石，河沙，植物，景观瓶子，喷瓶，水。

图 4-8　苔藓微景观（图片来自网络）

【制作步骤】

倒入小颗粒轻石，并用镊子整理平整。底层铺设轻石是为了防止上层种植介质积水，起到隔水作用。

事先将水苔浸泡半小时左右，在轻石上铺上一层薄薄的水苔，铺平水苔并轻压调整，使介质层次更加分明美观。水苔的作用是阻止上层种植介质由于重力作用慢慢渗透底层影响美观。

铺上一层混合土，根据种植需求调整混合土前后高低坡度并压紧实一些。

用喷瓶给混合土喷水，直至底部轻石层有微量积水，但不要漫过轻石层，同时喷洗壁面杂质。

挑选苔藓铺入瓶中，可以预留出种植植物和放置小沙砾及石块的区域。取出苔藓并清理苔藓表面杂质，然后适量喷湿苔藓表面和根部。

铺好苔藓后用工具挖出一个深一些的小洞用于种植植物。挑选状态最佳的植株，修剪发黄、腐烂、状态不佳的枝叶，将修剪后的植物种入混合土中。

将所有苔藓都铺入瓶内，并用力压紧苔藓与介质混合土，使苔藓和介质紧密结合。然后用镊子平头将苔藓和瓶壁边缘整理平整。

将需要搭配的石块放入瓶内，稍微用力压进土内，这样可以防止滚动。

在空出的位置小心倒入适量厚度的装饰植金石或者河沙。将需要搭配的石块放入瓶内，建议稍微用力压进土内，这样可以防止滚动。

将准备好的玩偶配饰放入瓶内相应位置。

第六节　微观湿界
——生态瓶制作

【材料】

小型水生动物（鱼、虾、螺蛳），水生植物（水草），水草泥，小石子，微生物培养液，小号捞网，长镊子，长柄勺。

图 4-9　生态瓶

【制作步骤】

准备一只透明的瓶子。

依次用长柄勺在瓶底装入水草泥和石子。

用长镊子在瓶子里种上水草,并装入水。注意:自来水需提前一天放置在太阳光下。

用捞网将小鱼、小虾等水生生物放入瓶中。注意:因空间和食物有限,水生生物数量不能太多。

使用滴管加入微生物培养液。

生态瓶制作完成。注意:为确保瓶内微观生态系统的健康循环,白天需将生态瓶放置在有阳光的环境中(切记不可高温暴晒)。

【小贴士】

生态瓶的科学原理:

水草吸收太阳的能量,水草泥提供生命的营养,小石头释放微量元素,田螺和小虾们是素食者,小鱼是个杂食者,水体里的微生物分解动物的排泄物并转化成植物的营养物质……

生态瓶以太阳能为驱动力,各个物种之间相互依存,形成了一个完整的生态系统。

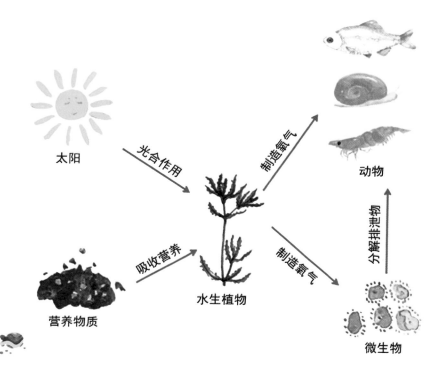

太阳

光合作用

制造氧气

营养物质

吸收营养

制造氧气

水生植物

动物

分解排泄物

微生物

图 4-10 生态瓶的科学原理

附 录

附录一　有关湿地的特殊日期

一、世界湿地日

　　每年的 2 月 2 日是世界湿地日。1971 年 2 月 2 日,《湿地公约》在伊朗南部海滨小城拉姆萨尔正式签署。为了纪念这一创举,并提高公众的湿地保护意识,帮助公众认识到湿地对于人类和地球的重要价值,1996 年《湿地公约》常务委员会第 19 次会议决定,从 1997 年起,将每年的 2 月 2 日定为世界湿地日。

　　历年世界湿地日主题见表 5-1。

表 5-1　历年世界湿地日主题[1]

年份	主题
1997	Wetlands: a Source of Life
	湿地是生命之源
1998	Water for Wetlands, Wetlands for Water
	湿地之水,水之湿地
1999	People and Wetlands: the Vital Link
	人与湿地,息息相关

---

　　[1] 资料来源:灞上人家. 历届世界湿地日主题 [EB/OL].（2015-03-25）[2019-03-03]. http://www.shidi.org/sf_AB2A328BAEC54F8FBF277CF45436F9DE_151_chanbawetland.html.

续　表

年份	主题
2000	Celebrating Our Wetlands of International Importance 珍惜我们共同的国际重要湿地
2001	Wetlands World—A World to Discover 湿地世界——有待探索的世界
2002	Wetlands: Water, Life, and Culture 湿地：水、生命和文化
2003	No Wetlands, No Water 没有湿地，就没有水
2004	From the Mountains to the Sea, Wetlands at Work for Us 从高山到海洋，湿地在为人类服务
2005	Culture and Biological Diversities of Wetlands 湿地文化多样性和生物多样性
2006	Wetland as a Tool in Poverty Alleviation 湿地与减贫
2007	Wetlands and Fisheries 湿地与鱼类
2008	Healthy Wetland, Healthy People 健康的湿地，健康的人类
2009	Upstream-Downstream: Wetlands Connect us all 从上游到下游，湿地连着你和我
2010	Wetland, Biodiversity and Climate Change 湿地、生物多样性与气候变化
2011	Forest and Water and Wetland is Closely Linked 森林与水和湿地息息相关
2012	Wetlands and Tourism 湿地与旅游
2013	Wetland and Water Management 湿地和水资源管理

年份	主题
2014	Wetland and Agriculture: Partners for Growth 湿地与农业：共同成长的伙伴
2015	Wetlands: for Our Future 湿地，我们的未来
2016	Wetlands for Our Future, Sustainable Livelihoods 湿地与未来，可持续的生计
2017	Wetlands and Disaster Risk Reduction 湿地减少灾害风险
2018	Wetlands: the Future of Sustainable Urban Development 湿地：城镇可持续发展的未来
2019	Wetlands and climate change 湿地与气候变化

其中，2018 年世界湿地日的主题为"湿地：城镇可持续发展的未来"。

城镇里的湿地能够使城镇更宜居，可以减少洪涝灾害，补充饮用水，过滤废弃物，提供城镇绿色空间，并且是居民的生计来源之一。目前，全球城镇人口数量已经超过 40 亿，随着这一数据的不断增长，湿地的重要性将被提升至前所未有的地位。为了获取更好的工作机会，人们仍在不断向城镇迁居。到 2050 年，世界上 66% 的人口都将居住在城镇地区。然而，大多数人并未意识到城镇里湿地的价值和重要性。在一些快速发展的城镇，湿地常常被视为荒地，人们随意向湿地倾倒垃圾，有些湿地甚至被填埋或用作其他用途。科学家们预测，自 1900 年以来，世界上至少有 64% 的湿地不复存在，而与此同时，城镇却以惊人的速度迅速扩张和发展。

二、世界环境日

1972 年 6 月 5 日至 16 日，联合国人类环境会议在瑞典斯德哥尔摩举行。在此次大会上，各国建议联合国大会将联合国人类环境会议开幕日——6

月5日定为"世界环境日"。同年,第27届联合国大会接受并通过这项建议。

世界环境日的意义在于提醒全世界注意全球环境状况的变化,以及人类活动对环境造成的危害,要求联合国系统和世界各国政府在每年的这一天开展各种活动,以强调保护和改善人类环境的重要性和迫切性。联合国环境规划署也在每年的世界环境日发表环境现状的年度报告书,以及确定该年世界环境日的主题。

在世界环境日那天,各国政府和人民都要举行各种形式的纪念活动,宣传环境保护的重要性,呼吁全体人民为维护、改善人类环境而不懈地努力。

表5-2　历年世界环境日主题[1]

年份	主题
1974	Only one Earth 只有一个地球
1975	Human Settlements 人类居住
1976	Water: Vital Resource for Life 水,生命的重要源泉
1977	Ozone Layer Environmental Concern; Lands Loss and Soil Degradation; Firewood 关注臭氧层破坏、水土流失、土壤退化和滥伐森林
1978	Development Without Destruction 没有破坏的发展
1979	Only One Future for Our Children—Development Without Destruction 为了儿童的未来——没有破坏的发展
1980	A New Challenge for the New Decade: Development Without Destruction 新的十年,新的挑战——没有破坏的发展
1981	Ground Water; Toxic Chemicals in Human Food Chains and Environmental Economics 保护地下水和人类的食物链,防治有毒化学品污染

---

[1] 资料来源:历年世界环境日主题 [EB/OL]. (2002-01-15) [2019-03-03]. http://www.sdein.gov.cn/ztbd/lnsjhjrzt/200201/t20020115_776688.html. 世界环境日 [EB/OL]. [2019-03-03]. https://baike.baidu.com/item/%E4%B8%96%E7%95%8C%E7%8E%AF%E5%A2%83%E6%97%A5/427070?fr=aladdin. 联合国环境规划署 [EB/OL]. [2019-03-03]. https://baike.baidu.com/item/%E8%81%94%E5%90%88%E5%9B%BD%E7%8E%AF%E5%A2%83%E8%A7%84%E5%88%92%E7%BD%B2/1516707?fr=aladdin.

续　表

年份	主题
1982	Ten Years After Stockholm（Renewal of Environmental Concerns） 纪念斯德哥尔摩人类环境会议十周年——提高环境意识
1983	Managing and Disposing Hazardous Waste: Acid Rain and Energy 管理和处置有害废弃物，防治酸雨破坏和提高能源利用率
1984	Desertification 沙漠化
1985	Youth, Population and the Environment 青年、人口、环境
1986	A Tree for Peace 环境与和平
1987	Environment and Shelter: More Than A Roof 环境与居住
1988	When People Put the Environment First, Development Will Last 保护环境、持续发展、公众参与
1989	Global Warming; Global Warning 警惕全球变暖
1990	Children and the Environment 儿童与环境
1991	Climate Change. Need for Global Partnership 气候变化——需要全球合作
1992	Only One Earth, Care and Share 只有一个地球——一起关心，共同分享
1993	Poverty and the Environment—Breaking the Vicious Circle 贫穷与环境——摆脱恶性循环
1994	One Earth One Family 一个地球，一个家庭
1995	We the Peoples: United for the Global Environment 各国人民联合起来，创造更加美好的未来
1996	Our Earth, Our Habitat, Our Home 我们的地球、居住地、家园
1997	For Life on Earth 为了地球上的生命
1998	For Life on Earth—Save Our Seas 为了地球上的生命——拯救我们的海洋

续　表

年份	主题
1999	Our Earth—Our Future—Just Save It! 拯救地球就是拯救未来
2000	The Environment Millennium—Time to Act 环境千年，行动起来
2001	Connect with the World Wide Web of life 世间万物，生命之网
2002	Give Earth a Chance 让地球充满生机
2003	Water—Two Billion People are Dying for It! 水——二十亿人生命之所系
2004	Wanted! Seas and Oceans—Dead or Alive? 海洋存亡　匹夫有责
2005	Green Cities—Plan for the Planet! 营造绿色城市，呵护地球家园 中国主题：人人参与，创建绿色家园
2006	Deserts and Desertification—Don't Desert Drylands! 莫使旱地变荒漠 中国主题：生态安全与环境友好型社会
2007	Melting Ice—a Hot Topic? 冰川消融，后果堪忧 中国主题：污染减排与环境友好型社会
2008	Kick the Habit! Towards a Low Carbon Economy. 转变传统观念，推行低碳经济 中国主题：绿色奥运与环境友好型社会
2009	Your Planet Needs You—Unite to Combat Climate Change 地球需要你，团结起来应对气候变化 中国主题：减少污染——行动起来！
2010	Many Species One Planet One Future 多样的物种·唯一的星球·共同的未来 中国主题：低碳减排·绿色生活
2011	Forests:　Nature at Your Service 森林：大自然为您效劳 中国主题：共建生态文明，共享绿色未来

续　表

年份	主题
2012	Green Economy：Does it include you 绿色经济，你参与了吗？ 中国主题：绿色消费，你行动了吗？
2013	Think Eat Save 思前·食后·厉行节约 中国主题：同呼吸，共奋斗
2014	Raise Your Voice not the Sea Level 提高你的呼声，而不是海平面 中国主题：向污染宣战
2015	Sustainable consumption and production 可持续消费和生产 中国主题：践行绿色生活
2016	Go Wild for Life 为生命呐喊 中国主题：改善环境质量，推动绿色发展
2017	Connecting People to Nature 人与自然，相联相生 中国主题：绿水青山就是金山银山
2018	Beat Plastic Pollution 塑战速决 中国主题：美丽中国，我是行动者

三、国际生物多样性日

　　1992 年，在联合国环境与发展大会上，100 多个国家和地区的领导人签署了《生物多样性公约》。1994 年 12 月 29 日，《生物多样性公约》开始生效。

　　为了纪念《生物多样性公约》生效，联合国大会决定，从 1995 年起，将每年的 12 月 29 日定为"国际生物多样性日"。从 2001 年开始，根据第 55 届联合国大会第 201 号决议，国际生物多样性日由原来的每年 12 月 29

日改为 5 月 22 日。

表 5-3　历年国际生物多样性日主题[1]

年份	主题
2001	Biodiversity and Management of Invasive Alien Species 生物多样性与外来入侵物种管理
2002	Forest Biodiversit 专注于森林生物多样性
2003	Biodiversity and Poverty Alleviation—Challenges for Sustainable Development 生物多样性和减贫——对可持续发展的挑战
2004	Biodiversity：Food, Water and Health for all 生物多样性：全人类食物、水和健康的保障
2005	Biodiversity：Life insurance for our changing world 生物多样性——变化世界的生命保障
2006	Protecting Biodiversity in Drylands 保护干旱地区的生物多样性
2007	Biodiversity and Climate Change 生物多样性与气候变化
2008	Biodiversity and agriculture 生物多样性与农业
2009	Alien invasive species 外来入侵物种
2010	Biodiversity, Development and Poverty Alleviation 生物多样性就是生命，生物多样性也是我们的生命
2011	Forest Biodiversity 森林生物多样性
2012	Marine biodiversity 海洋生物多样性
2013	Water and biodiversity 水和生物多样性
2014	Island biodiversity 岛屿生物多样性

[1] 来源：国际生物多样性日历年主题 [EB/OL]. (2017-05-22) [2019-03-03]. http://www.sdein.gov.cn/xcjy/hbzs/201705/t20170522_774825.html.

续　表

年份	主题
2015	Biodiversity promotes sustainable development 生物多样性促进可持续发展
2016	Mainstreaming biodiversity:sustaining people and their livelihoods 生物多样性主流化,可持续的人类生计
2017	Biodiversity and sustainable tourism 生物多样性与旅游可持续发展
2018	Celebrate the 25th anniversary of the biodiversity initiative 庆祝生物多样性行动的 25 周年
2019	Our biodiversity,our food,our health 我们的生物多样性,我们的食物,我们的健康

四、世界水日

　　1977 年,联合国召开水会议,向全世界发出严正警告:水不久将成为一个深刻的社会危机,继石油危机之后的下一个危机便是水危机。1993 年 1 月 18 日,联合国大会通过决议,将每年的 3 月 22 日定为"世界水日",用以开展广泛的宣传教育,提高公众对开发和保护水资源的认识。

　　1988 年,《中华人民共和国水法》颁布实施,并确定每年 7 月第一周为"水法宣传周"。以后结合世界水日,把每年的 3 月 22 日所在的一周定为"中国水周",每年有特定的宣传主题。

表 5-4　历年世界水日主题[1]

年份	主题
1994	Caring for Our Water Resources Is Everyone's Business 关心水资源人人有责

---

　　[1] 资料来源:历届"世界水日"和"中国水周"的主题 [EB/OL]. (2019-03-22)[2019-03-22].http://zfs.mwr.gov.cn/ztbd/desqjsjsr/xgyd/201903/t20190322_1111637.html.

续　表

年份	主题
1995	Women and Water 妇女和水
1996	Water for Thirsty Cities 解决城市用水之急
1997	Is there Enough? 世界上的水够用吗？
1998	Ground Water—The Invisible Resource 地下水——无形的资源
1999	Everyone Lives Downstream 人类永远生活在缺水状态之中
2000	Water for the 21st Century 21 世纪的水
2001	Water and Health—Taking Charge 水与健康
2002	Water for Development 水为发展服务
2003	Water for the Future 未来之水
2004	Water and Disasters 水与灾害
2005	Water for Life 生命之水
2006	Water and Culture 水与文化
2007	Coping with Water Scarcity 应对水短缺
2008	Water Scarcity 涉水卫生
2009	Transboundray Water—the Water Sharing, Sharing Opportunities 跨界水——共享的水、共享的机遇
2010	Communicating Water Quality Challenges and Opportunities 清洁用水、健康世界

续　表

年份	主题
2011	Water for Cities 城市用水：应对都市化挑战
2012	Water and Food Security 水与粮食安全
2013	Water Cooperation 水合作
2014	Water and Energy 水与能源
2015	Water and Sustainable Development 水与可持续发展
2016	Water and Jobs 水与就业
2017	Wastewater 废水
2018	Nature for Water 借自然之力，护绿水青山

五、世界地球日

　　世界地球日即每年的 4 月 22 日，是一项世界性的环境保护活动。2009 年，第 63 届联合国大会决议将每年的 4 月 22 日定为"世界地球日"。该活动最初在 1970 年的美国由盖洛德·尼尔森和丹尼斯·海斯发起，随后影响越来越大。活动旨在唤起人类爱护地球、保护家园的意识，促进资源开发与环境保护的协调发展，进而改善地球的整体环境。

　　世界地球日没有国际统一的特定主题，它的总主题始终是"只有一个地球"。20 世纪 90 年代以来，我国社会各界于每年 4 月 22 日都要举办"世界地球日"活动。目前最主要的活动是由中国地质学会、原国土资源部（现为自然资源部）组织的纪念活动。

表 5-5　2000 年以来"世界地球日"我国活动主题[1]

年份	主题
2000	地质环境保护
2001	地质遗产保护
2002	善待地球
2003	善待地球——保护资源
2004	善待地球——科学发展
2005	善待地球——科学发展，构建和谐
2006	善待地球——珍惜资源，持续发展
2007	善待地球——从节约资源做起
2008	善待地球——从身边的小事做起
2009	认识地球，保障发展——了解我们的家园深部
2010	珍惜地球资源，转变发展方式，倡导低碳生活
2011	珍惜地球资源，转变发展方式
2012	珍惜地球资源，转变发展方式——推进找矿突破，保障科学发展
2013	珍惜地球资源，转变发展方式——促进生态文明，共建美丽中国
2014	珍惜地球资源，转变发展方式——节约集约利用国土资源，共同保护自然生态空间
2015	珍惜地球资源，转变发展方式——提高资源利用效益
2016	节约集约利用资源，倡导绿色简约生活
2017	节约集约利用资源，倡导绿色简约生活——讲好我们的地球故事
2018	珍惜自然资源，呵护美丽国土——讲好我们的地球故事
2019	珍爱美丽地球，守护自然资源

[1] 中国纪念"世界地球日"历年主题 [J]. 中国国土资源经济, 2013(4)：72. 第 50 个世界地球日宣传主题确定 [EB/OL]. (2019-03-27) [2019-04-09]. http://www.mnr.gov.cn/dt/ywbb/201903/t20190327_2403090.html.

附录二　与湿地保护相关的国际公约

环境类国际公约是在联合国的框架下或区域邻国的多边协商下制定和签署的,这些公约是世界各国针对全球性与区域性环境问题进行对话并开展合作的重要途径。

全球现有环境公约或协定近百个,涉及范围广、更具有官方效力的是公约(Convention)。其中与湿地相关的国际环境类公约有12个(表5-6),分别从生态系统、物种、贸易、资源保护与全球气候变化等角度,共同探讨湿地保护的政策、科学与技术措施。

表5-6　12个与湿地相关的国际环境类公约

角度	公约名称及发布时间
生态系统保护	《湿地公约》(1971年2月2日)
	《联合国防治荒漠化公约》(1994年6月17日)
	《跨界水资源与国际湖泊保护利用公约》(1992年3月17日)
生物多样性保护	《生物多样性公约》(1992年6月5日)
	《迁徙物种公约》(1979年6月23日)
国际贸易	《濒危野生动植物物种国际贸易公约》(1973年3月3日)
	《1994年国际热带木材协定》(1994年1月26日)
气候变化	《联合国气候变化框架公约》(1992年6月11日)
	《〈联合国气候变化框架公约〉京都议定书》(1997年12月10日)
海洋环境保护	《联合国海洋法公约》(1982年12月10日)
海洋渔业资源保护	《跨界鱼类种群和高度洄游鱼类种群的养护与管理协定》(1995年12月4日)
自然和文化遗产保护	《保护世界文化和自然遗产公约》(1972年11月23日)

一、《湿地公约》

　　《湿地公约》(全称《关于特别是作为水禽栖息地的国际重要湿地公约》)于1971年在伊朗小城拉姆萨尔签订,故又称拉姆萨尔公约,于1975年12月21日生效。它是一个政府间公约,是湿地保护及其资源合理利用国家行动和国际合作框架,宗旨是通过各成员方之间的合作加强对世界湿地资源的保护及合理利用,以实现生态系统的持续发展。目前已有150个成员方,指定了1590块国际重要湿地。全球国际重要湿地面积约1.34亿公顷,为保护湿地重要生态系统做出了巨大贡献。中国于1992年1月3日批准加入该公约,1992年3月31日递交加入书,1992年7月31日湿地公约正式对中国生效。

　　2005年11月14日,中国在乌干达首都坎帕拉举行的第九届《湿地公约》缔约方大会全体会议上当选为新一届常务委员会理事国。这是中国首次当选该常务委员会理事国。

　　新一届常务委员会由16个国家和地区组成,任期3年,可连任一次。根据《湿地公约》规程,常务委员会理事国的名额按地区缔约方数目分配。目前《湿地公约》分6个区域,共有区域理事国14个,其余两个由本届和下届大会主办方担任。

二、《保护世界文化和自然遗产公约》

　　该公约是联合国教科文组织于1972年11月16日在第十七届大会上正式通过的。1976年,世界遗产委员会成立,并建立《世界遗产名录》。该公约中附全球有特殊文化或生态意义的地点的列表。在公约上签字的国家和地区保证在其领土范围内的该列表中的各地点得到保护。这些地点可能具有特殊的建筑上或宗教上的重要性,它们可能代表某种文化的传统生活方式,也可能代表正在发生的生态过程或地质现象,它们还可能包含有为保持生物多样性所需要的重要、有意义的自然生境。

中国于 1985 年 12 月 12 日加入《保护世界文化和自然遗产公约》，成为缔约方。1999 年 10 月 29 日，中国当选为世界遗产委员会成员。中国于 1986 年开始向联合国教科文组织申报世界遗产项目。自 1987 年至 2005 年 7 月，中国先后被批准列入《世界遗产名录》的世界遗产已达 31 处。

三、《濒危野生动植物物种国际贸易公约》

1973 年 3 月 3 日 21 个国家和地区的全权代表受命在华盛顿签署了《濒危野生动植物物种国际贸易公约》（以下简称《公约》），又称华盛顿公约。《公约》于 1975 年 7 月 1 日生效，现有超过 160 个成员方。1981 年 1 月 8 日，中国政府向该公约保存国瑞士政府交存加入书。同年 4 月 8 日，该公约对我国生效。

《公约》的宗旨是通过各缔约方政府间采取有效措施，加强贸易控制来切实保护濒危野生动植物物种，确保野生动植物物种的持续利用不会因国际贸易而受到影响。《公约》制定了一个濒危物种名录，通过许可证制度控制这些物种及其产品的国际贸易，由此而使《公约》成为打击非法贸易、限制过度利用的有效手段。《公约》在保护野生动植物资源方面取得的成就及享有的权威和影响举世公认，已成为当今世界上最具影响力、最有成效的环境保护公约之一。

四、《保护野生动物迁徙物种公约》

《保护野生动物迁徙物种公约》简称《保护迁徙物种公约》，又名《波恩公约》，于 1983 年 11 月 1 日生效。其秘书处设在德国波恩。《保护迁徙物种公约》是保护跨境迁徙野生物种的最重要的国际公约，旨在保护所有陆上的，水中的和空中的迁徙生物。立约的目的是通过严格执行保护工作和签订国际公约，保护迁徙物种及其生境。公约致力于为不同的迁徙物种种群成立保护区网络。它是少数致力于全球范围内保护野生动物及其生存环境的政府间条约之一。截至 2002 年 2 月，该公约已拥有来自非洲、拉丁美洲、亚太地区和欧洲的 79 个缔约方。中国于 1986 年成为缔约方，并由国家环境保护总局出任公约的国家代表。

五、《生物多样性公约》

《生物多样性公约》是一项保护地球生物资源的国际性公约，于 1992 年 6 月 1 日由联合国环境规划署发起的政府间谈判委员会第七次会议在内罗毕通过，1992 年 6 月 5 日，由签约国在巴西里约热内卢举行的联合国环境与发展大会上签署。公约于 1993 年 12 月 29 日正式生效。常设秘书处设在加拿大的蒙特利尔。联合国《生物多样性公约》缔约方大会是全球履行该公约的最高决策机构，一切有关履行《生物多样性公约》的重大决定都要经过缔约方大会的通过。

该公约是一项有法律约束力的公约，旨在保护濒临灭绝的植物和动物，最大限度地保护地球上多种多样的生物资源，以造福当代和子孙后代。公约规定，发达国家将以赠送或转让的方式向发展中国家提供新的补充资金以补偿它们为保护生物资源而日益增加的费用，应以更实惠的方式向发展中国家转让技术，从而为保护世界上的生物资源提供便利；签约国应为本国境内的植物和野生动物编目造册，制定计划保护濒危的动植物；建立金融机构以帮助发展中国家实施清点和保护动植物的计划；使用另一个国家自然资源的国家要与那个国家分享研究成果、盈利和技术。

截至 2004 年 2 月，该公约的签字方有 188 个。中国于 1992 年 6 月 11 日签署该公约，1992 年 11 月 7 日批准，1993 年 1 月 5 日交存加入书。

附录三 有关湿地的机构和组织

一、重要科研机构

1. 中国科学院湿地研究中心

1995 年 8 月，中国科学院湿地研究中心成立。

中国科学院湿地研究中心成立后，成为开展湿地研究的组织、协调及项目申请机构。它可以集中多学科的科技力量从事我国湿地资源的动态变化、湿地生态结构与生态过程、湿地环境效应、湿地分类系统、典型湿地的评估，以及湿地保护与持续利用等方面研究。

2. 中国林业科学研究院湿地研究所

中国林业科学研究院湿地研究所是专门从事湿地研究的事业单位。近年来，湿地研究所着重开展湿地科学基础理论与应用技术研究，引领中国湿地科学研究发展方向，为国家湿地保护管理提供决策依据和科学指导。同时加强与国际接轨，为国家《湿地公约》的履约提供科技支撑。

湿地研究所的学科方向及重点研究领域包括：湿地生态系统的生态特征、湿地功能的价值评价与作用机理；湿地生态系统物质平衡、时空动态变化过程及演变的动力学机制；全球变化和人类活动影响下湿地生态系统的演替过程与环境效应；湿地生态系统及生物多样性保护；湿地重建及退化湿地的生态恢复技术；湿地景观设计与规划管理等。

3. 教育部高校湿地资源与环境研究中心

教育部高校湿地资源与环境研究中心是以湿地科学基础理论和应用基础为主要研究内容的虚拟科研机构。1997 年由教育部批准正式建立，隶属教育部，挂靠东北师范大学。

其支撑单位主要由教育部直属高校组成，包括东北师范大学、中山大学、四川大学、厦门大学、华东师范大学、青岛海洋大学、山东大学等。有华东师大河口海岸国家重点实验室、东北师大教育部植被生态实验室等现代化技术支持体系。

重点研究方向有：湿地对于全球变化的响应和演变预测；人为驱动下的湿地景观破碎化对于生态过程和生态格局的影响；湿地生物地球化学过程研究；湿地生态系统及其物种的环境胁迫反映与适应性研究；湿地生物多样性保护措施和策略；湿地恢复和重建；等等。

4. 中国科学院南京地理与湖泊研究所

中国科学院南京地理与湖泊研究所的前身是中国地理研究所，1940 年7 月成立于重庆北碚，1946 年迁到南京。中华人民共和国成立后，由人民政府接管，并于 1953 年正式成立中国科学院地理研究所。1958 年初，设立我国第一个湖泊科学研究机构——湖泊研究室。1988 年 1 月改为现名。中国科学院院士黄秉维、任美锷、周立三曾先后担任所长。

南京地理与湖泊研究所现设中国科学院湖泊沉积与环境重点实验室、湖泊资源与环境研究室、流域管理与模拟实验室、地理信息科学研究室、太湖湖泊生态系统研究站（国家重点野外科学观测试验站、中国科学院生态网络实验站）。

二、国际组织

1. 湿地国际（Wetlands International）

湿地国际创建于 1995 年，由亚洲湿地局（AWB）、国际水禽和湿地研究局（IWRB）和美洲湿地组织 3 个国际组织合并组成。

湿地国际是全球性非营利组织，致力于湿地保护和可持续管理。宗旨是：通过在全球范围内开展研究、信息交流和保护活动，维持和恢复湿地，保护湿地资源和生物多样性，造福子孙后代。

湿地国际总部设在荷兰，在 18 个国家设立办事处。

为了促进中国和东北亚的湿地保护与合理利用，为这些国家和地区引进技术和资金，提供人员培训和技术支持，开展信息交流，湿地国际中国办事处于 1996 年 9 月 26 日在北京成立。

2. 世界自然基金会（World Wide Fund For Nature，WWF）

世界自然基金会是世界最大的、经验最丰富的独立性非政府环境保护机构。它在全球拥有 470 万支持者以及一个在 96 个国家和地区活跃的网络。从 1961 年成立以来，在 6 大洲的 153 个国家和地区发起或完成了 12000 个环保项目。目前，世界自然基金会通过一个由 27 个国家级会员、21 个项目办公室及 5 个附属会员组织组成的全球性网络在北美洲、欧洲、亚太地区及非洲开展工作。

世界自然基金会的使命是遏止地球自然环境的恶化，创造人类与自然和谐相处的美好未来。世界自然基金会目前致力于保护世界生物多样性，确保可再生自然资源的可持续利用，推动减少污染和浪费性消费的行动。

3. 全球环境基金（Global Environment Facility，GEF）

在 1989 年的国际货币基金组织和世界银行发展委员会年会上，法国提出建立一种全球性的基金，用以鼓励发展中国家开展对全球有益的环境保护活动。1990 年 11 月，25 个国家达成共识建立全球环境基金（GEF），由世界银行、UNDP 和 UNEP 共同管理，基金捐款国（主要是发达国家）定期向基金捐款。中国也是捐款国之一。目前，GEF 共有 168 个成员方。

作为一个国际资金机制，GEF 主要是以赠款或其他形式的优惠资助，为受援国（包括发展中国家和部分经济转轨国家）提供关于气候变化、生物多样性、国际水域和臭氧层损耗 4 个领域，以及与这些领域相关的土地退化方面项目的资金支持，以取得全球环境效益，促进受援国有益于环境的可持续发展。它是联合国《生物多样性公约》《气候变化框架公约》的资金机制和《持久性有机污染物公约》的临时资金机制。

在 GEF 试运行期，我国共争取到 6 个 GEF 项目，利用 GEF 资金 5461 万美元；进入正式运行期后至 2001 年 6 月，我国获批实施、正在实施或将要实施的项目有 30 多个（包括区域和全球项目），利用全球环境基金约 3.22 亿美元。所获资金中，气候变化方面的项目约占 80%，生物多样性项目约占 15%，其他约占 5%。

4. 国际鹤类基金会（International Crane Foundation，ICF）

国际鹤类基金会是非营利性民间自然保护组织，1973 年由美国人让·索伊和乔治·阿其博创建。

ICF 的宗旨是：通过提供关于鹤类的经验、知识，激发人们的兴趣，致力于挽救世界范围内的鹤类及其栖息环境。

ICF 的主要工作包括环境教育、科学研究、生境恢复和保护、饲养繁殖、鹤类再引入，尤其在鹤类的饲养繁殖方面，ICF 做出了巨大贡献。目前，ICF 已在全世界 22 个国家和地区直接参与了 40 多个项目。如在美国正在实施建立美洲鹤东部迁徙种群的行动；在塞内加尔、埃塞俄比亚等非洲 20 多个国家和地区为黑冠鹤及其栖息地的自然保护制定了行动计划；在越南帮助保护濒危赤颈鹤的越冬地区及其他湿地稀有鸟类等。

附录四　湿地相关网站

湿地公约网站：https：//www.ramsar.org/

国际湿地网络：https：//wli.wwt.org.uk/zh-hans/

湿地国际中国项目办：http：//www.wetwonder.org/

湿地中国（中华人民共和国国际湿地公约履约办公室）：http：//www.shidi.org

世界自然基金会：http：//www.wwfchina.org/

湿地之友：http：//www.wowcn.org.cn/

国际湿地科学家学会：https：//www.sws.org

全球环境基金会：http：//www.thegef.org

中国湿地科学数据库：http：//www.marsh.csdb.cn/

国家林业和草原局官网：http：//www.forestry.gov.cn

中国林业科学研究院：http：///www.caf.ac.cn

中国林业信息网：http：//www.lknet.ac.cn

中国全球环境基金：http：//www.gefchina.org.cn

英国野生鸟类和湿地基金会：https：//www.wwt.org.uk

英国伦敦湿地中心：https：//www.wwt.org.uk/wetland-centres/london

中国观鸟网络：http：//www.chinabirdnet.org

香港湿地公园：http：//www.wetlandpark.gov.hk

[1] 帕蒂·伯恩·塞利.3—8 岁儿童自然体验活动指南 [M].北京：科学教育出版社，2017.

[2] 国家环境保护总局宣传教育中心.全国环境教育优秀教案与教学设计集萃：第一辑 [M].北京：中国环境科学出版社，2007.

[3] 江家发.环境教育学 [M].芜湖：安徽师范大学出版社，2011.

[4] 陈水华.湿地环境教育手册 [M].北京：中国林业出版社，2014.

[5] 潘佳，汪劲.中国湿地保护立法的现状、问题与完善对策 [J].资源科学，2017，39（4）：795–804.

参考文献